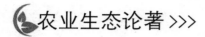 农业生态论著 >>>

生态健康养殖

SHENGTAI JIANKANG YANGZHI

王金荣　李振田　编著

U0256168

中国农业出版社

北　京

前　言

　　现代化集约化动物养殖造成一系列环境污染问题的同时，也使得动物产品质量严重下降，食品安全受到威胁。在环境保护和食品安全两大主题的双重压力下，生态健康养殖是当前发展规模化养殖的明智选择。生态健康养殖，是规模化养殖生产发展的主要技术路线，是符合我国国情的。坚持中国特色生态型健康养殖，我国畜牧业才能走上资源节约、环境友好的自主创新之路。

　　生态健康养殖强调的是动物养殖的"生态性"和"健康性"。生态养殖指根据不同养殖生物间的共生互补原理，利用自然界物质循环系统，在一定的养殖空间和区域内，通过相应的技术和管理措施，使不同生物在同一环境中共同生长，实现保持生态平衡、提高养殖效益。健康养殖是指以安全、优质、高效、无公害为主要内涵的可持续发展的养殖模式，是在以追求数量增长为主的传统养殖基础上，实现数量、质量和生态效益并重发展。健康养殖的概念最早是在20世纪90年代后期由我国海水养殖界提出的，起因是我国对虾养殖遭受白斑综合征病毒的严重侵袭，以后陆续向淡水养殖、生猪养殖和家禽养殖渗透并完善。一些专家学者从养殖过程中的危害、健康养殖的原理以及目标、动物营养和生态条件等不同角度对健康养殖进行了阐述。

　　本书重点以农场动物养殖（不包括水产养殖）为例，围绕"高效养殖、健康防疫、生态循环和安全生产"目标，分别从养殖场规划设计、饲料安全生产体系、饲养管理技术、养殖的生物安全、环境保护与废弃物利用以及动物健康与动物福利几个方面，介绍了规模化养殖条件下生态健康养殖的理论、技术及应用实例；最后对有机动物生产内容进行了介绍。

　　书中难免有不妥之处，恳请广大读者批评指正。

作　者

2018 年 9 月

目 录

第一章 | CHAPTER 1

绪　　论

第一节　畜牧业的可持续发展

2017 年 1 月 20 日，在柏林召开的第十届世界粮食和农业论坛上，联合国粮食及农业组织（以下简称联合国粮农组织）总干事若泽·格拉齐亚诺·达席尔瓦表示，动物产品一方面对加强营养和摆脱贫困大有裨益，另一方面也对气候和环境产生巨大影响，保证动物健康对人类健康的意义日渐重大。畜牧业是粮食安全和农村生计的支柱，据联合国粮农组织估计，世界上一半以上的农村贫困人口是牲畜农民和牧民。在最穷的贫困人口中，牲畜在保证他们生计方面发挥重要作用。因此，国际社会必须携手合作以确保该行业能够发挥潜能，从而为可持续发展做出贡献。

畜牧业的发展对生物多样性和饮用水的持续获取构成挑战，尤其影响《巴黎协定》控制全球平均温度增长目标的实现。由于牲畜比其他食物来源产生更多温室气体（约占人为碳排放总量的 14.5%），因此低碳畜牧是养殖业可持续发展的必由之路。联合国粮农组织预计，采用再生型牧业、饲料选择和牲畜粪便中营养物与能源的回收利用流程优化等，可以将整个牲畜体系中甲烷的排放量减少 20%～30%。同时优化牧场，提高对牧场土地监控和增强对牧场碳储存能力管理，以及对牲畜产量增加，避免进一步的森林采伐也是非常关键的措施。采取改良的气候智能型做法，使人们能够迅速建立更加可持续、更为"绿色"的牲畜供应链。

畜牧业是世界上最大的陆地资源用户，牧场和用于饲料生产的耕地占所有农业用地的近 80%。畜牧业在放牧和饲料作物使用放牧方面的需求使其成为世界上最大的农业土地用户，其中饲料作物生产占用全部耕地的 1/3，而放牧占用的土地相当于无冰陆地面积的 26%。在过去的几十年间，畜牧业经历了速度上前所未有的变化。全球对于动物源食品需求的激增，以及畜牧业重大的技术革新和结构变化使畜牧产量急剧提高，畜牧业对全球农业总产值的贡献达到 40%，并为近 13 亿人提供生计和粮食安全。人口不断增长和生活富足以及城市化等因素均转化为对畜产品日益扩大需求，特别是发展中国家，为养活到 2050 年时约 96 亿人口，全球需求量预计增加 70%。而需求增加的大部分是通过迅速扩大的现代化集约化畜牧生产形式实现的。此外，动物产品不仅是优质食品的来源，也是发展中国家许多小农和牲畜饲养者的收入来源。经济增长通常伴随着动物产品消费的增加，在许多发展中国家，畜牧生产对国内农业生产总值的贡献巨大。

畜牧业还对气候变化、水土管理和生物多样性有着重要影响。农业所依赖的自然资源，如土地和水，正在变得日益匮乏，不断受到资源退化和气候变化的威胁。虽然畜

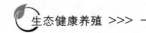

牧业提供了高价值的食品和许多其他经济和社会功能，但在资源使用上造成的影响亦很大。

畜牧业生产的改变增加了新型病原体在全球范围内的出现、扩展和从动物向人类传播的可能，动物的健康与人类和环境的健康息息相关。动物卫生是提高可持续畜牧业生产的必要工具。"同一个健康"是应对不断变化的疾病形势的复杂性而提出的方法，这种方法更加注重农业生态系统的复原力、生物多样性保护和自然资源的有效利用以及食物供应链的安全性，特别是在最贫困和动物疫情最严重的地区，通过早期发现和采取措施来提高反应速度至关重要。

养殖生产在现代农业产业体系中的地位日益重要，可持续发展已经成为大多数国家的共识和主导潮流。其中动物养殖是畜牧生产的重要活动，包括家畜、家禽以及渔业生产，主要任务是将植物生产的有机物质重新生产改造为对人类具有更大价值的肉类、乳、蛋、毛等动物产品，同时还排出粪便，为植物提供大量的肥料和能源动力。发展健康的畜牧业有利于合理利用自然资源，使植物生产与动物生产相互依存、相互促进，均衡发展，形成良性循环。建立动物标识及疫病可追溯体系，从源头上把好养殖产品质量安全关，使养殖业发展更加适应市场需求的变化。

第二节 我国畜牧业的发展及其特点

我国是农业大国，农业是国民经济的基础，而畜牧业是农业的重要组成部分。目前我国正处在畜牧业快速发展时期，现代畜牧业的首要任务是提供优质安全的畜产品，因此，畜牧业可持续发展的新型养殖模式"生态健康养殖"被提到了前所未有的地位。健康养殖不仅需要健康的良种，安全的饲料和兽药，符合动物生理特性的养殖环境，还要求对环境友好，其养殖产品质量安全并可追溯。健康养殖是在动物养殖的各个环境采取各种有效措施，以达到动物源性产品安全卫生、排污达标、保持生态平衡和养殖场的可持续发展。同时生态健康养殖的产品必须为社会所接受，是质量安全可靠、无公害的畜产品，对人类健康没有危害，具有较高经济效益的生产模式。生态健康养殖对于资源的开发利用应该是良性的，生产模式是可持续的，对于环境的影响是有限的，体现了现代畜牧业的经济、生态和社会效益的高度统一。

改革开放以来，畜牧业的发展经历了几个阶段：1978—1984年的为缓解城乡居民"吃肉难"问题阶段；1985—1996年的为满足城乡居民"菜篮子"产品需求阶段；1997—2006年的为产品结构优化调整阶段；2007年至今为向现代畜牧业转型阶段。向现代畜牧业转型阶段的主要特征表现为国家政策强力推动畜牧业进入快速转型期及现代畜牧业生产体系逐步建立。畜牧业从家庭副业一跃成为我国农业重要的支柱产业，畜产品产量稳步增长，人均肉类占有量超过世界平均水平，人均禽蛋占有量达到发达国家水平，但人均奶类占有量仅为世界平均水平的1/4。从肉类结构变化趋势上看，猪肉从1985年占比85.9%下降到2013年的64.4%，降低21%；在此期间，牛羊肉的比重小幅增长，从5.6%上升到12.7%；禽肉的比重稳步增长，从8.3%上升到21.1%。规模化养殖的步伐日益加快，根据2017年《中国畜牧业统计》，生猪出栏500头以上规模养殖比重为46.9%，肉牛出栏100头以上规模养殖比重为15.3%，肉羊出栏500只以上规模养殖比重为15.3%，肉鸡出栏5万只以上养殖规模比重为63.7%，蛋鸡存栏1万只以上养殖规模的比重为44.7%，奶牛存栏100头以上规模养殖比重为58.3%。

《畜禽规模养殖污染防治条例》的施行，对畜牧业污染防治提出了更高要求。现代畜牧业建设的目标是率先实现现代化，建设生产发展、资源节约、环境友好、优质安全的畜牧业。主线是推进畜禽标准化规模养殖发展，加快转变畜牧业发展方式，确保畜产品质量安全和草原生态安全。现阶段我国畜牧养殖的总体布局如下：猪业生产重点发展东北、中原等粮食主产区，引导东部沿海地区向西部地区转移；蛋鸡业生产重点发展中原、东北主产区，推进蛋鸡养殖南移；肉鸡业生产稳定山东、东北等白羽肉鸡主产区，加快发展华东、华南等黄羽肉鸡主产区；奶业生产重点建设东北、内蒙古、华北、西部和大城市周边等北方主产区，加快南方产区发展；肉牛业生产加快发展冀鲁豫三省和东北三省，稳定发展西部八省（自治区），挖掘南方草山草坡生产潜力；肉羊业生产巩固发展西部八省（自治区），加快发展冀鲁豫三省，挖掘南方草山草坡生产潜力。

第三节　现代养殖的生态危机

养殖业的迅猛发展，满足了人们对肉、蛋、奶的需求，并对发展经济、提高城乡居民生活水平做出了较大贡献，但养殖业在发展同时已造成新的环境污染问题，体现在养殖总量与环境容量不匹配，农牧结合不紧密，废弃物处理利用技术模式滞后等方面，规模化畜禽养殖造成的有机污染已成为目前我国较为严重的污染问题之一。畜禽养殖业产生的污染物主要有粪便、污水和恶臭气体，其中畜禽粪便中有大量的病原微生物、致病菌、寄生虫卵以及滋生的蚊蝇，会使环境中病原种类增多，菌量增大，病原菌和寄生虫大量繁殖可能造成人畜传染病的蔓延。更为严重的是，一旦在某些地区发生禽流感类的传染病，病原体就极易随着未经处理的畜禽粪便及腐败死尸的排放而广泛传播，引起人畜交叉感染，给人畜带来灾难性的危害。由于气温的升高对昆虫繁殖有利，未来几年疾病的出现可能会加剧，具有大流行潜力的人畜共患疾病，如某些类型的禽流感病毒对人类、动物和环境构成巨大威胁。畜禽养殖废水中化学需氧量（COD）、铬、铵态氮（$NH^{4+}-N$）、硫含量都很高，水量大且温度低，废水中固液混杂，氮和磷的化合物有机物含量较高，畜禽污水排入鱼塘及河流中，使对有机物污染敏感的水生生物逐渐死亡，严重威胁水产业的发展。恶臭气体中含有大量硫化氢、氨、醇、甲烷等200多种有机恶臭物质，不仅严重影响了空气质量，同时这些气体刺激畜禽呼吸道，引起呼吸道疾病并导致畜禽生产力下降。规模化畜禽养殖造成的有机污染已成为目前我国最为严重的污染问题之一。

全球牲畜的抗生素的使用量是人类的3倍，抗生素的耐药性已引起全世界警惕。由于滥用、过度使用和误用牲畜中的抗生素，抗生素耐药性对人类健康构成的重大威胁日益加剧。很多国家已经逐步停止通过使用抗菌类药物来促动物生长的做法，抗菌类药物只能用来治疗疾病和减轻不必要的痛苦，而此类药物的预防性使用必须在严格的条件下才能进行。我国农业农村部2019年第194号公告中明确规定，为了维护我国动物源性食品安全和公共卫生安全，决定停止生产、进口、经营、使用部分药物添加剂。

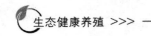

自 2020 年 7 月 1 日起，饲料生产企业停止生产含有促生长类药物饲料添加剂（中药类除外）的商品饲料。

第四节 生态健康养殖的发展与展望

一、畜牧与生计

随着肉类和其他动物产品需求强劲增长，尤其是在发展中国家，有关公平和有效配置的问题变得越来越重要。联合国粮农组织前总干事若泽·格拉齐亚诺·达席尔瓦说："世界农村贫困人口中有超过半数依靠畜牧业为生，他们必须获得适当的技能、知识和技术，方能参与该行业的预期发展并从中受益，避免'被日渐扩大的大型资本密集型运作'边缘化。"小农生产仍然是全球农业的主导经营模式，主要原因是低收入国家家庭农场数量大，小农生产面临各种风险，对外部环境的不利冲击表现脆弱。畜牧业可以多种方式缓冲或抵抗这种风险，并作为劳力和资本的补充，畜牧业能够抵消劳力/资本可供量的变化。在一些国家，畜牧业还能发挥替代劳动力的作用。鉴于牲畜具有繁殖能力，即使价格稳定不变，牲畜也构成了一种可能升值的资产，并且实现资产价值的时间可能比其他许多农产品更加灵活。一般来说，与作物相比，牲畜普遍更能够适应环境冲击。牲畜流动，提高了存活能力，杂食性相对较强，从而能够避免因特定饲料资源的影响。尤其是本地动物品种适应当地环境风险，能有效地利用自然资源。增加动物产品摄入量有助于加强营养，对于发展中国家的儿童来说更是如此，因为他们的体格发育需要锌和铁等重要微量元素。但过量摄入动物产品也存在风险，必须注重饮食健康和平衡。

二、减少碳足迹

低碳畜牧业秉承着可持续发展的理念，目的在于减少温室气体的排放量，降低养殖对环境造成的污染，实现生态保护和畜牧业发展的双赢。由于牲畜比其他食物来源产生更多温室气体（约占人为碳排放总量的 14.5%），畜牧业的发展对生物多样性和饮用水的持续获取构成挑战，尤其影响《巴黎协定》控制全球平均温度增长目标的实现。联合国粮农组织预计，通过采纳一些已知的畜牧业做法，包括再生型牧业、饲料选择和牲畜粪便中营养物与能源的回收利用流程优化等，能够将整个生产体系中的甲烷排放量迅速减少 20%～30%。优化牧场以及牧场土地健康和碳储存能力管理对于牲畜产量增加且避免进一步的森林采伐来说也很关键。格拉齐亚诺·达席尔瓦在波恩气候变化大会（缔约方第二十三届会议）上专门指出要把改进牲畜管理体系作为优先工作，通过采取改良的气候智能型做法，迅速建立更加可持续、更为"绿色"的牲畜供应链。

我国畜牧业养殖所带来的经济增长量在逐年递增，说明我国畜牧业成为农业发展的支柱型产业，数量和规模的扩大也反映出畜牧业对于环境污染存在着较大隐患。目前我国实行了低碳政策，每年的二氧化碳排放量在逐年降低，但畜牧业二氧化碳排放量稳高不下，尤其是需氧量和总磷量分别达到农业的 96% 和 56%，成为导致农业污染的主要因素。通过宣传低碳养殖理念，鼓励低碳养殖设备的研发与推广，转变养殖方式，坚持实现农牧结合，因地制宜制定符合当地养殖特点的合理规划，实现畜牧业的长远发展。

三、动物健康

2007 年 12 月，在印度新德里召开的"禽流感及流感大流行部长级会议"，提出了"同一个世界，同一个健康"的口号，旨在全球实现动物-人类-环境的共同健康。保护牲畜免受疾病影响，防止疾病蔓延，是战胜饥饿、营养不良和贫困的关键之一。1994 年由联合国粮农组织成立了跨界动植物病虫害紧急预防系统（EMPRES），是为预防、遏制和控制世界上最严重的生成疾病向各国提供信息、培训和紧急援助，同时对新出现的病原体开展调查，预防畜牧生产遭受损失，减轻对人体健康的威胁。生态健康养殖的目的是保护动物的健康，人类通过预防、预警、防范和应对等措施，包括机械设施、法律法规、行政管理、科学研究等活动，保证动物健康采取的多学科和协调一致的方法。保护动物健康也是保护人类自身的健康及维护人类的利益。抗菌药的耐药性，是一个全球性的挑战，抗菌药在人、动物和环境中的滥用和误用，是需要付诸行动解决的主要问题。我国是畜禽、水产养殖大国，也是兽用抗菌药物生产和使用的大国。兽用抗菌药物在防治动物疾病、提高养殖效益、保障畜产品有效供给中发挥着重要的作用，但其带来的食品安生、生态安全等一系列问题影响了畜牧业的可持续发展。兽药的科学使用是保证动物源性食品安全的一项重要措施，2017 年 6 月，农业部出台了《全国遏制动物源细菌耐药行动计划（2017—2020）》，进一步加强兽用抗菌药物管理。

社会的发展、养殖方式的改变以及动物疾病的多样性都会对动物健康造成影响，增强动物防疫基础设施的建设，不仅要更加完善硬件设施条件，满足动物疫病防控的相关工作需求，同时需要构建动物卫生监督机构以及监督检查体系，并配备和检疫等相关的仪器设备，完善兽药生产与质量安全监管系统，确保兽药在生产经营方面规范性。以动物疫病防控相关法律法规作为基础，结合畜牧生产中常见的中毒、营养以及代谢等几方面的疫病防治方式，完善法律结构，制定和完善动物疫病防控方案，尤其是对于重大动物疫病的防控防疫监督方案的制定与完善。

第二章 | CHAPTER 2
生态健康养殖概述

第一节　生态农业

一、农业发展历史

在古代，农业是重要的生产部门，社会的存在、文化的发展都有赖于农业基础的稳固。在经历了漫长的采集渔猎时代，距今万余年前后，原始农业萌芽，开启了"新石器时代农业革命"，这在人类发展史上具有划时代的意义。农业的发展历史极其漫长，根据农业生产的特点，可以简单地将农业发展历史划分为三个阶段，即原始农业、传统农业和现代农业。

（一）原始农业

原始农业起源于公元前 9000—前 8000 年，农业的最初仅是对自然的模仿，种植方式简单粗放，将种子随意撒到地里，任其自然生长，到了收获季节再采集谷粒。随着人口的增加，对粮食的需求不断扩大，依靠这种自然生长的方法生产粮食已经不能满足人口增长的需要，同时人类在劳动的过程中不断地积累经验，并开始制造和改进劳动工具，真正形成了原始农业。原始农业的特点是生产力水平低下，产量很不稳定，属于"刀耕火种"的生产方式，对自然资源和环境破坏较大。但由于原始社会时期地广人稀，种植基本采用"休田""撂荒"等方法，因此自然资源和环境恢复很快。从现代的角度看，在原始农业阶段，农业产品没有任何污染，应该属于现代农业定义的"有机农业"。

（二）传统农业

传统农业是指农业生产从原始耕作方式转变为半机械化生产。这个时期的主要特征是农业生产资料在农业生产中的应用逐渐增多，农业生产由自给自足为主逐渐开始商品化、社会化生产，农业发展速度大大加快。我国的传统农业是以精耕细作为特点，注意节约资源，并最大限度地保护环境，在品种选育、病虫害防治、农具制作、农田灌溉、土壤肥料、田间管理、农时节气等方面为世界农业的发展提供了良好的借鉴，具有生态农业的思想。德国化学家李比希说："中国农业是以经验和观察为指导，长期保持着土壤肥力，借以适应人口的增长而不断提高其产量，创造了无与伦比的农业耕种方法。"

（三）现代农业

进入 19 世纪，随着工业和科学技术的发展，现代化的生产技术在农业生产中广泛应用，尤其是农业机械、化肥、农药和良种在农业生产上的广泛应用促进了农业生产力的提高。现代农业降低了农业劳动强度，最大限度地挖掘了作物的增产潜力，为人类提供了充足的食物，同时也提高了农业产品质量。现代生态农业就是指在保护、改善农业生态环境的前提下，按照生态学原理和经济学原理，运用现代科学技术成果和现代管理手段，先进的设施和经营理念以及传统农业的有效经验建立起来的，能获得较高的经济、生态和社会效益的现代化农业。现代农业的目标是发展生态农业，以生态学原理为理论基础，以农业可持续发展为核心，将农业安全与人类健康放在首位，多资源利用的现代农业技术集成的产业化体系，具有明显的区域特点与生态模式组合是现代生态农业的特点。因此，现代农业是一个庞大的综合系统工程和高效、复杂的人工生态系统以及先进的农业生态体系。

现代农业的发展也带来了一系列的问题，如化肥、农药等农业化学物质的大量应用，在土壤和水体中残留，造成有毒有害物质富集，并通过物质循环进入农作物、畜禽、水生动植物体内，甚至进入食品中导致食品卫生安全隐患。现代化的育种方式和种植模式，破坏了生物多样性，使不可再生的种质资源减少。细胞工程、基因工程育种等都取得了巨大的经济效益，但是也带来了人们对转基因作物安全性的担忧。随着环境污染问题和生态平衡被破坏的问题日趋严重，进入 20 世纪 60 年代以后，发达国家开始重视对现代农业带来的负面影响，保护环境、提高食品的安全性和保障人类自身的健康逐渐成为农业生产的主流。生态农业、有机农业的思想逐渐成熟，1972 年在瑞典首都斯德哥尔摩联合国"人类与环境"食品会议上，国际有机农业运动联盟（IFOAM）成立。生态农业的理念开始兴起，提倡原料生产、加工等各个环节中引入"食品安全"概念，生产无公害无污染的食品。一些国家相继研究、示范和推广了无公害农业技术生产体系、有机农业生产体系，生态农业已成为现代农业生产可持续发展的必然趋势。

二、生态农业的概念

半个世纪以来，发达国家处于迅速发展的石油农业时代，因为其实质是以高能量换取高产量，逐渐显出弊端，加剧了能源危机、资源匮乏、环境污染和生态平衡失调，使农业的发展陷入困境。生态农业是相对石油农业提出的概念，是指在保护、改善农业生态环境的前提下，遵循生态学、生态经济学规律，运用系统工程方法和现代科学技术，集约化经营的农业发展模式，是按照生态学原理和经济学原理通过系统工程方法实现高产、优质、高效与可持续发展的现代农业生产体系。1971 年，美国密苏里大学土壤学教授威廉姆·艾布瑞克特首次提出了"生态农业"这一概念，被认为是继石油农业之后世界农业发展的一个重要阶段。它是以生态学理论为主导，以合理利用农业自然资源和保护良好生态环境为前提，运用系统工程方法，因地制宜地规划、组织和经营的一种新型农业。

西方的"生态农业"（ecological agriculture）是由英国学者 M. 凯利·沃辛顿于 20 世纪 80 年代初倡导的。出发点在于追求小规模的、封闭式农业系统循环合理性。1993 年 M. 凯利·沃辛顿对生态农业的定义做了部分修改，正式表述为"建立和维持一种生态上自我支持、低投入；经济上有活力的小农经营系统，在不引起大规模或长期性环境变化，或者在不引起道德及人文社会方面不可接受的问题的前提下，最大限度地增加净生产。"生态农业的特点是生产率高、稳定持续、综合性、有机性和效益性，通常以小规模发展为主，单位耕地面积的净产量高，能够自己生产加工生产所需的大部分农产品，在经济上有活力，包括能源在内的诸方面都能够自我维持，生物物种表现为多样化发展，所有的生产以道德和人文标准判断可以为大众所接受。

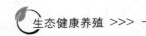

三、生态农业的特点

1. 综合性　生态农业强调的是发挥农业生态系统的整体功能，遵循"整体、协调、循环、再生"的原则，将自然资源和自然界调节机制综合到农耕活动中，从而最大限度地替代外部投入。全面规划、调整和优化农业结构，通过实施生态性技术，确保可持续地生产高质量的食物及农产品，维持农民的正常收入水平，消除或减轻农业对环境的污染，维系农业除生产之外的生物多样性保护和休闲、观赏等多功能性质，提高综合生产能力。

2. 多样性　生态农业是一个多学科的农业生产综合体，从生物学角度来看，生态农业系统具有高度的多样性。例如，农林复合系统将位于不同层面、不同高度与形状的作物、灌木、家畜和树木进行整合，提高垂直多样性；农牧系统的已适应特定环境的本地品种多样性；在水产养殖方面，无论是传统鱼类混合养殖、综合多营养水产养殖，还是作物鱼类轮换系统，都遵循相同的原则以最大限度地实现多样化。发展生态农业应基于一定的自然条件及资源基础，并与经济社会发展水平相结合综合制定规划发展。由于地区条件差异，地理资源环境不同，各地区之间的经济与社会发展水平的差异较大，农耕习惯也不同。因此在发展生态农业的时候，在吸收传统农业精华的基础上，结合现代科学技术，以多种生态模式、生态工程和丰富多彩的技术类型装备农业生产，充分发挥地区的优势，根据社会需要与当地实际协调发展。

3. 高效性　生态农业的高效性特点是其与普通农业生产模式的重要区别之一，其高效性并不仅仅只是产品生产效率的提高，还包括对区域内各种资源的高效利用、农业生产社会效益的提高以及区域环境效益的提高，等等。生态农业的本质是通过对物质循环的高效利用及能量多层次综合发展，使一个生产过程所产生的副产品或者废弃物，可以作为另一个生产过程的原料。通过对废弃物资源综合利用和系列化深加工等措施，降低农业成本，实现经济增值。生态农业在物质循环、价值增值、物质生产凝练、抵御逆境等方面具有结构更复杂、功能更强大的特点，追求的是效益更高的经济、生态和社会效益。

4. 可持续性　Pretty等认为农业的可持续性系统是确保生物多样性和对稀有自然资源的生产和保护，提高资源利用率，具备一定的抵御自然灾害、生物威胁和经济冲击的能力。生态农业是最能满足可持续性特点的农业模式，其可持续性表现在生产过程的持续性和效果的持续性两个方面。王红梅认为为了保证农业系统与生态系统、社会系统这个复合系统的持续发展、自然协调，需要持续性的技术投入和管理投入。生态农业所带来的效果和影响是隐性的和长期的。生态农业的目标就是能够保护和改善生态环境，防治污染，维护生态平衡，提高农产品的安全性，合理利用资源，保障资源的长期性和持续性。同时熊芳认为生态农业更好地实现了农业的综合效益，其带来的生态效益是持续的，经济效益是长期的，社会效益是长远的，是一种持续为人类健康提供长效机制的具有明显可持续特征的农业模式。

四、生态农业的目标

生态农业的基本目标是实现"生态、经济、社会效益的优化和统一"。生态农业是在可持续发展的基础上，通过制定一套科学、系统、完整、实用的综合规划并加以实施，实现资源的高效利用，社会的发达昌盛，系统关系的和谐稳定。

1. 维护人与自然的关系　发展生态农业其根本意义是为了解决人类发展和自然破坏的矛盾，人类的生产活动已经对环境造成了很大的破坏，如果不加以制约和规划，人类将会自食恶果。人类是自然的产物，无论从生理还是心理而言对自然环境都有相当强的依赖性，优质的食物、清新的空气、美好的环境才是人类生存的本质上的需求。因此发展生态农业是人类为了更好地生存而产生的一种生命本能。

2. 可持续经济发展　发展生态农业、优化农业生产模式，是经济高速发展的必然表现。我国农业自20世纪50年代后期普遍出现粗放式的经济增长方式，生产经营水平不高，生产规模小。其特点是"高投入、高能耗、高污染、低效率"，破坏了生态平衡，形成了农业的恶性循环。这样的生产方式是涸泽而渔，是低效的、一次性的，其产出从整体上来说是非常少的。但是合理规划下的生态农业，走可持续生产之路，促进经济效益增长，是现代农业的发展基础。综合考虑各地区的农业资源、承载力、环境容量、生态类型和发展基础等因素，因地制宜，以保护和发展并重，适度挖掘潜力，保护优先，限制开发，适度发展生态产业和特色产业，促进生态系统的良性循环，实现生产稳定发展，资源永续利用，生态环境友好的现代化农业生产模式。

3. 提高食品安全　农业生产活动中大量地使用化肥、农药，严重地污染了环境，破坏了自然界原来的生态平衡，不仅影响了农业的可持续发展，同时农业污染使农产品中化学药品残留严重超标，致使产品质量下降，危害人体健康。而生态农业的生产原则是充分发挥动物、植物、微生物和人类的相互作用，采用物种或品种轮换种植的方法，注意利用天敌防治害虫，有效地减少化肥和农药的用量，生产出无污染、无公害、有益于健康的产品。

4. 提高土地的产出和经济价值　生态农业以生态与环境建设为基础，注重农业生产经营与生态状况的协调、互补，净化水质、土壤、空气。生态农业的内涵非常宽泛，不仅仅指单纯的农业生产，如今还发展出多种形式。例如农家乐、生态观光庄园、采摘庄园、生态农庄等，通过生态农业旅游开发，以清新的田园风光让游客亲近农业、亲近自然，从而愉悦于人，陶冶情操。依托传统生态农业生产产生的发展型生态农业类型，大大提高了土地的经济价值，让土地的利用价值不再单一化，使土地利用能够因地制宜，多样而高效，整体上来说，大大提高了土地的产出和经济价值。

所以经常处于生态农业环境条件下，人的身心状况就会得到改善，抗病能力增强，对于减少疲劳、恢复健康大有裨益。

五、我国的生态农业

由于我国幅员辽阔，地理条件复杂，不同地区的农业生产具有不同的特点。《仲长子》曰："丛林之下，为仓庾之坻；鱼鳖之堀，为耕稼之场者，此君所用心也。"意思是《仲长子》上说："丛林底下可以成为囤储粮食的地方，鱼鳖的潭穴可以变成浇灌庄稼的源泉，这些都是君王长官该用心策划的事。"这是我国最早记载的关于生态农业的描述，也是我国生态农业的雏形。

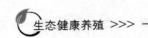

20世纪70年代后期，我国农业刚刚开始向高投入的方向发展时，已引起了一些学者的警觉，以我国的国情，不可能照抄发达国家常规农业现代化的模式。我国应该发扬具有5 000多年历史的我国传统农业中的精华，强调以生态学规律指导生态农业，发展生态经济。我国生态农业的基本内涵就是：按照生态学原理和生态经济规律，因地制宜设计、组装、调整和管理农业生产和农村经济的系统工程体系，把发展粮食和多种经济作物生产，发展大田种植与林、牧、副、渔业，发展大农业与第二、第三产业结合起来，利用传统农业精华和现代科技成果，通过人工设计生态工程，协调发展与环境之间、资源利用与保护之间的矛盾，形成生态经济上两个良性循环，实现经济、生态、社会三大效益的统一。

第二节　生态畜牧业

一、畜牧业的发展

畜牧业的起源和种植业一起，是人类历史上第一次产业革命（徐旺生，2009）。它们的出现，改变了人类的生活方式，使得人类生活单纯依靠大自然的被动局面发生了很大的改观，人类可以通过自身的努力，改变不利于自己的生存环境。随后，人类进入了一个突飞猛进的发展阶段，以至于今天高度发达的现代文明成为可能。以畜牧生产形式划分，畜牧业经历了原始畜牧业、传统畜牧业、工厂化畜牧业和生态畜牧业等阶段。

（一）原始畜牧业

原始畜牧业的出现和发展，结束了人类作为食物采集者的局面，促使人类向食物的生产者转变，并推动了生产工具的改造和创新。旧石器时代就已经开始出现了原始畜牧业，原始人类通过豢养狩猎所得来的幼崽，储备肉食动物，这些动物成年后进行交配，可以获得新的幼崽，即新的食物，使肉食食物的来源变得稳定，有时还有富余。于是人类开始驯养野牛、野猪等牲畜，与此同时，人们发现这些家畜还可以作为役用的动物使用，畜牧业由此产生。据考古学家考证，原始畜牧业的饲养对象主要是猪。原始畜牧业的特点是生产水平低，人类对动物生产很少进行干预，动物通过自繁自养扩大规模。

（二）传统畜牧业

传统畜牧业是人类有意识地对动物生产的过程进行干预，例如通过修建简易的畜舍为动物遮风御寒、防暑等，采用人工选择和自然选择方式对动物进行培育，通过种植牧草和农作物为畜禽提供饲料等，以获取更多的畜产品。

传统畜牧业一般以农户为主，经营分散，主要用于自给自足，畜牧生产水平低，商品化不足。传统畜牧业的特点是在村庄里庭院内进行零星养殖，如"老太太养鸡""老大爷养猪""老爷爷养牛"模式，这种传统的养殖方式现已逐步萎缩淘汰。由于传统畜牧业的养殖规模小，养殖效益低下，动物的混放散养、人畜共居，其弊端不但造成养殖环境差，畜禽发病率高，而且为人畜共患病的发生埋下隐患，养殖效益低下。

（三）工厂化畜牧业

工厂化畜牧业是指动物生产采用工业化生产的方式，即高密度、大规模、集约化的生产方式，采用现代动物育种和动物营养与饲料科学技术，通过环境控制、疾病预防与防治进行标准化的生产。

工业化是畜牧业领域的一场革命，由于采取了优良品种、全程配合饲料和先进的设备工艺等，极大地提高了畜牧业的效率，大幅度地增加了畜产品的产量。工厂化畜牧业的技术含量高，物质投入高，因此相对生产水平高、效益好。但是由于工厂化畜牧业的生产规模过大，容易导致畜禽排污问题，严重污染土壤、水源和大气等环境，尤其是粪污处理不当直接排放导致水体富营养化，影响水生生物安全。同时由于集约化的生产导致动物疫病增加，大量使用添加剂及药物导致畜产品的品质降低、抗生素残留等食品安全问题，危害人民群众健康，引发国际贸易壁垒摩擦，难以持续发展。

（四）生态畜牧业

生态畜牧业是按照生态学和经济学的原理，运用系统工程的方法，吸收现代畜牧科学技术的成就和传统畜牧业的精华，根据当地的自然资源和社会资源状况，科学地将动物、植物和微生物种群组织起来，形成一种生产体系，进行无污染、无废弃物的生产，以实现生态效益、社会效益和经济效益的协调发展。在生态畜牧业中，物质循环和能量循环网络是完全配套的，通过这个网络，系统的经济值增加，废弃物和污染物不断减少，实现增加效益和净化环境的统一。

在生态文明时代，生态化是畜牧产业发展的必由之路。当前畜牧业的稳定发展存在很多问题，例如饲养动物的疫病及抗病力，农药与抗生素残留问题，动物福利问题，动物食品质量安全问题，草原超载过牧等，此外与畜牧业相关的土壤退化、水源污染、气候变暖和节能减排问题等，都属于生态系统失衡出现的问题，只有通过生态化途径才能解决。生态畜牧业要做到全面规划、整体协调，养殖生产的各个部门之间，环境资源的利用与保护之间，农、林、牧、渔等各个农业产业类型之间等都要做到整体的协调统一，相互有机整合，对养殖生产过程进行合理规划。养殖过程中，各级物种群体之间通过物质的循环多级利用形成共生互利，有效提高能量的转换率及资源的利用率，降低养殖生产成本，兼顾了经济效益、生态效益和社会效益。此外发展生态畜牧业也应因地制宜选择生态养殖模式，利用生物种间互补原理，按照地域特色和特有的生物品种，选择能发挥当地优势的生态养殖模式，利用有限的资源达到增值资源的目的，使生产者在有限的养殖空间取得最大限度的经济效益。

二、生态畜牧业的特点

生态畜牧业主要包括生态动物养殖业、生态畜产品加工业和废弃物的无污染处理业，其前面与生态种植农业相连，后面与生态化农产品加工业相连。生态畜牧业的主要特点：

第一，生态畜牧业是以畜禽养殖为中心，同时因地制宜地配置其他相关产业（种植业、林业、无污染处理业等），形成高效、无污染的配套系统工程体系，把资源的开发与生态平衡有机地结合起来。

第二，生态畜牧业系统内的各个环节和要素相互联系、相互制约、相互促进，如果某个环节和要素受到干扰，就会导致整个系统的波动和变化，失去原来的平衡。

第三，生态畜牧业系统内部以"食物链"的形式不断地进行着物质循环和能量流动、转化，以保证系统内各个环节上生物群的同化和异化作用的正常进行。

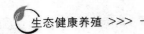

第四，在生态畜牧业中，物质循环和能量循环网络是完善和配套的。通过这个网络，系统的经济值增加，同时废弃物和污染物不断减少，以实现增加效益与净化环境的统一。

第三节　生态健康养殖

（一）生态健康养殖的概念

健康养殖指通过采用投放无疫病苗种、投喂全价饲料及人为控制养殖环境条件等技术措施，使养殖动物保持最适宜生长和发育的状态，实现减少病害发生，提高产品质量的一种养殖方式。

生态养殖指根据不同养殖生物间的共生互补原理，利用自然界物质循环系统，在一定的养殖空间和区域内，通过相应的技术和管理措施，使不同生物在同一环境中共同生长，实现保持生态平衡、提高养殖效益的一种养殖方式。

生态健康养殖是从维护农业生态系统平衡的角度出发，关注饲料资源的充分利用和安全卫生、保护生态环境、保障畜禽的健康、保证畜禽产品安全优质的养殖过程。与集约化、工厂化养殖方式相比，生态健康养殖就是让畜禽在自然生态环境中按照自身原有生长发育规律自然地生长，而不是人为地制造生长环境或通过促生长剂让其违反自身原有的生长规律而快速生长。

生态健康养殖首先要遵循生态系统循环、再生的原则。生态健康养殖不是传统的饲料输入和畜禽产品的简单输出，而是通过有效组织养殖生产的过程，使农林牧渔几个产业结合并有效地连接，形成新的产业链，并提高生产能力，获得更好的经济收益。在生态养殖过程中，要充分体现生态系统资源中的合理、循环利用，提高资源的利用效率，并本着资源节约的目的组织生产，科学利用能量和物质，做到输入输出平衡。

（二）生态健康养殖的模式

生态模式的选择及养殖过程应充分利用自然资源，利用生物的共生优势、生物相克以及生物相生相养等原理，形成资源的循环利用，合理安排食物链形成价值链，实现生产的良性循环。

在遵循生态养殖的原则基础上，选择适宜的养殖模式。因地制宜，根据当地的自然和社会条件，合理利用当地的资源，合理安排养殖生产过程，饲养方式要与当地的环境条件相匹配，形成符合当地特色的养殖方式。实现可持续的健康生态养殖应该是品种结构搭配合理，投入与产量水平适用，养鱼和种植业、畜禽养殖业有机结构，通过内部的废弃物的循环再利用，达到对各种资源的最佳利用，最大限度地减少养殖过程中废弃物的产生，在取得理想养殖效果和经济效益的同时，达到最佳的环境生态效益。

1. 立体养殖模式　立体养殖模式可以促进生态农业的发展，实现增收降耗、降低污染的目的，有利于保护生态环境。如"鸡-猪-蝇蛆-鸡/猪"模式，就是用鸡粪喂猪，猪粪养蝇蛆后肥田，蝇蛆制粉，用来喂鸡或猪，饲养效果显著，更重要的是蝇蛆含有甲壳素和抗菌肽，可以大幅度提高猪、鸡的抗病能力。这种模式即节省了饲料和日常药物的投入，又把鸡粪做了无害化的处理，经济效益和环境效益都十分明显。

2. 放养模式 利用林地进行生态养鸡、养猪,利用草原实施牛羊轮牧放养模式,其生产的动物产品肉质鲜美,生态环保,近年来备受推崇。家禽过了人工给温期,就可以逐步将仔禽放养到果园、森林、草地或高秆作物地里,让其自由采食野菜、草籽、昆虫。这种放归自然的饲养方式,不仅减少饲料的投入,节省大量粮食,同时还能有效清除大田害虫和杂草,达到生物除害的功效,减少人们的劳动强度和田间的药物投入。自然放养对增强畜禽机体的抵抗力、激活免疫调节机制具有积极的促进作用,提高动物健康水平,减少疾病发生,从而减少预防性用药的资金投入。此外,由于饮食习惯等原因,通常认为自然放养能大幅度提高畜禽产品的品质,生产的畜禽产品风味独特,更能满足人们的口感及情感需要。有条件的地方,都可以利用滩涂、荒山等自然资源,建设生态养殖场所,生产无污染、纯天然或者接近天然的绿色产品(图2-1、图2-2)。

图2-1 生猪放养模式(李军训提供)

图2-2 林地养鸡(黄进提供)

放养模式生产虽然对人工和硬件设施水平的要求较低,但在品种选择上要求较高。一般以当地动物品种较为适宜,本土动物习惯野生水土、温度、湿度和矿物质成分等,具有较强的抗病能力。国外引进的品种,虽然在瘦肉率、生长速度上占优势,但对于野外散养还需要经过多代改造,增强品种的抗病能力,才能适宜发展。

3. 微生态制剂模式 微生态制剂中的有益菌在动物肠道内大量繁殖,使病原菌受到抑制而难以生存,产生一些多肽类抗菌物质和多种营养物质,如B族维生素、维生素K、类胡萝卜素、氨基酸、促生长因子等,可以抑制或杀死病原菌,促进动物的生长发育。有益菌在肠道内还可产生多种消化酶，从而可以降低粪便中硫化氢等有害气体的浓度，使氨浓度降低70％以上，起到生物除臭的作用，对于改善养殖环境十分有用。活菌制剂可以彻底消除使用抗菌药物带来的副作用，是发展生态养殖的重要途径。

复合微生态制剂的健康养殖模式在水产养殖、家禽家畜养殖及特种动物如家兔养殖等生产中有较好的应用。应用复合微生态制剂，可以减少抗生素的使用量或者不用，养殖环境的成本降低，养殖产品健康无害，有利于消费者放心使用，也有利于肉品加工企业获得优质原料。

（三）生态健康养殖的目标

发展畜牧生态健康养殖，可显著提高经济效益、生态效益和社会效益；解决畜禽产品生产与消费需求、养殖用地与耕地保护、畜禽粪便污染与维护生态环境之间的矛盾；满足人们对养殖动物产品的需求，确保产品的健康安全，实现绿色化养殖。在推进畜牧业规模养殖的同时，提高产品质量安全水平，转变畜牧业生产方式，以安全、优质、高效为内涵，实现数量、质量和生态效益并重的可持续发展。因此生态健康养殖的目标是综合发展以养殖业为核心的经济，增加农户、养殖场的经济收入；保护和改善农业资源环境，改善农村生态环境，不产生养殖业环境污染，周围环境也不污染养殖场；提高动物疫病的防控能力，降低公共卫生安全风险。除满足物质需求外，生态健康养殖还能满足人们的精神享受。种植业要兴旺，养殖业也要兴旺，更重要的是种养要结合，并且与农民的生活、生产、生态结合起来，形成一个良性的循环。

（四）生态健康养殖的内容

生态健康养殖主要由五部分组成。

1. 生物群落 在一定时间和一定区域环境内，以养殖动物为核心所形成的一个相互依存的多样性生物群落。该群落由动物、植物和微生物等各种生物有机体构成具有一定特征的组合体，其中每一种生物都与养殖动物存在物质循环与能量流动的通路。生物种类除养殖动物外，均是适应当地生态环境而必定存在的其他生物，如农作物、饲料作物、果树、蔬菜、水生植物、鱼、蝇蛆、微生物等，各种生物相互依存、协调有序地生活在一起。在一定的区域内，生物群落构成完整的生态链体系，生态健康养殖必须建立在生态链上，不是单一生态的保护。比如树下养鸡、稻田养鱼、林中养猪等生态养殖模式，这是整个生态链的建设，不能破坏，一旦某个环节生态出现问题，整个生态链也会受侵害。生态养殖必须建立在生态链上。

2. 生存环境与社会经济环境 生存环境指生物群落依存的自然环境以及其他生物群落。自然环境即当地的气候、土壤、水、地形地貌等，其他生物群落是指除养殖动物系统包括的生物群落之外，与养殖动物可能存在生态影响的其他畜禽、病原微生物和野生动物等。环境的差别决定了组成生物群落的生物种类、不同空间结构和不同时间分配等，以生物种类为基础，根据地域环境特点，构建适宜当地的可持续发展的微型生态系统。社会经济环境就是指生态养殖所依靠的市场、经济结构、肉食消费习惯、养殖者的基本文化素质和经济因素。合理的社会经济环境建设，是一个庞大的系统工程，需要较长的时期才能逐步完善化。随着经济的发展和生态养殖技术的推广应用，可以根据当地市场、技术及经济发展状况等因素来采取适宜的生态健康养殖模式。

3. 养殖技术　生态养殖也不是摒弃已有的养殖技术去重新建立一套全新的养殖技术，而是要对传统的养殖技术、常规养殖技术、现代化养殖技术加以精选、组合并且深化，以实现生态养殖目标，或者说按生态养殖的要求进行动物品种选育、繁殖、配制饲料、饲养管理、疾病防治和产品加工。现有的规模化养殖常常违背了动物本性，尤其是猪、鸡等单胃动物的养殖，通常养殖场面积有限，限制了动物的自由活动，养殖动物种群接触面积大，不利于防疫和清洁生产，造成不安全等问题。以养猪为例，目前规模化的养猪主要有四种模式，即定位饲养、围栏饲养、舍内厚垫料散养和舍外露天放养。前两种均限制了猪群的活动范围，但有利于猪场人员的饲喂和管理。厚垫料养猪和舍外放养是从比较原始的养猪模式衍生的，也是目前推崇有机食品或风味猪肉养殖的主要模式。这两种养殖模式猪的活动范围较大，行动自由，但占地面积大，不利于清洁生产和防疫，适用于小型的养猪生产，在我国现有的经济条件下很难推广。

4. 生态养殖输入　生态养殖的输入包括对生态养殖系统的劳动力、资金、养殖设备设施、能源的投入。生态养殖并不等同于简单的散养或者放养，生态养殖其实需要很精细的投入和管理，无论是在动物品种选择、饲料、饲养模式，特别是粪污处理等方面，都需要大量的投入才可以真正做到生态。原始并不等于原生态，原始的养殖方式也不等于生态养殖。以养猪为例，生态养殖的生猪饲养周期更长，因此需要投入的成本更高。养殖污染已经成为农业面源污染的重要来源，解决粪污综合利用问题迫在眉睫，在兼顾生产、生态两大目标，农牧结合、循环发展，采取空间管控和环境准入，强化污染预防，加强源头减量、过程控制、废弃物利用等，提升农业发展水平。

5. 产品输出　生态养殖系统除输出养殖动物这一特定产品外，还会输出有机肥料、饲料等其他许多产品。生态养殖系统输出的养殖动物产品通常也被称为生态绿色食品，之所以受到市场的欢迎，是与人们生活水平提高息息相关的。生活水平提高迫切需要与之相对应的生活质量，民以食为先，因此食品当然被放在了首要位置。因此，动物源性食品的生产向更加生态、绿色、安全的方向发展。生态养殖系统中动物所产生的各种粪污排泄物中含有多种营养元素，多呈有机状态，作物很难直接利用，但是经过微生物发酵等综合处理，缓慢释放出多种营养元素，是良好的有机肥料来源。农田中施用有机肥料能够改善土壤结构，有效地协调土壤中的水、肥、气、热，提高土壤肥力和土地生产力。此外，生态养殖系统中由于农田施用有机肥，随之生产的包括粮食、饲草、蔬菜、水果等农产品，均具有绿色、有机的特征，符合目前人民消费的需求。

（五）生态健康养殖的特征

1. 产品绿色化　绿色产品是指生产过程及其本身节能、节水、低污染、低毒、可再生、可回收的一类产品，它也是绿色科技应用的最终体现。绿色产品能直接促使人们消费观念和生产方式的转变，其主要特点是以市场调节方式来实现环境保护为目标。绿色农产品是指遵循可持续发展原则，按照特定生产方式生产，经专门机构认定，许可使用绿色食品标志，无污染的安全、优质、营养农产品。如绿色小麦、绿色水稻、绿色蔬菜、绿色水果、绿色畜禽肉、绿色水产品等。生态健康养殖的目的是给人提供安全的动物产品，生态养殖条件生产的动物是健康的，其产品保证无污染、无残留、对人类健康有益、安全卫生，具有绿色产品的特征。

2. 生产过程无害化　生态养殖的整个生产过程不产生对环境有害的污染物。养殖过程中产生的臭气、废水、废渣进行有效的系统处理，从根本上解决养殖废水无害化、资源化处置问题，从源头上有效防治臭气污染、土壤污染、水域污染、重金属不达标、细菌滋生蔓延、疾病传播等二次污染等问题。养殖动物产生的粪水通过净化、发酵等技术，实现粪水资源再利用，实现生态和经济效益双赢。

3. 资源系统化　生态系统是涵盖了农业和非农业土地和水资源利用形成的系统，包括水田、牧场、养殖以及耕作制度等各种要素组成的复杂的混合系统。生态健康养殖系统通过组合各种资源，形成以养殖动物为核心的高效生物生产系统，使自然资源、社会资源得到合理利用、充分利用。在一定的区域范围内，养殖动物所产生的废弃物能够在本区域内进行消化利用，不产生过多废物造成环境负担；生产的农产品足够保证本区域内人民生活的基本需要，养殖动物所需的饲料、饲草等均能自给自足。

4. 农业生物多样化　农业活动中使用各种动物和植物的多样性是由于人类为了获取食物、营养和药物等目的而对生物多样性进行管理。生态健康养殖系统除考虑所养殖动物外，还充分考虑其他种类生物。多种养殖模式结合，例如种养结合、立体养殖等，建立小范围内的生态圈。对于同一种养殖动物，也坚持品种、品系的多样性。从某种程度上讲，物种内部的多样性是由于农民为满足环境和其他条件而对具体特性做出选择而形成的。例如，饲养家畜包括牛、羊、鸡和猪，农作物物种包括小麦、玉米、白菜、甘薯和花生等。不管养殖动物还是农作物品种，均是在当地传统、风俗习惯，甚至包括产品的口味、颜色和产量等基础上发展而来的，其中有许多品种作为农业中重要种群而一直被保存下来。

（六）生态健康养殖的意义

1. 能充分利用自然资源　生态养殖利用生态学原理组织养殖生产环节，使养殖动物生产系统结构达到最优程度。充分发挥生物生产潜力，最大限度利用自然生产过程，减少人工化学物质和矿物质投入。在养殖场选择、饲料组织上因地制宜，充分利用土地、水源等各种资源，使以养殖动物为核心的农牧业生产系统实现良性循环，从而大大提高了自然资源的利用率。合适的自然生态环境是进行现代生态健康养殖的基础，依据所饲养的畜禽的天性选择适合畜禽生长的无污染的自然生态环境，有充足的空间保证畜禽自由活动、自然生长。此外，根据当地社会经济情况，促进养殖业与种植业有机结合，使不断提高的生态养殖业与当地农业生态系统、自然生态系统形成有机整体，并且互为发展依靠，提高农业的综合生产力水平。

2. 减少环境污染，有效保护生态环境　集约化养殖业的发展对环境的污染已经成为妨碍规模化养殖业发展的重要因素之一。由于与种植业分离，城镇周围发展起来的大型规模养殖场，其粪尿污水污染河流、地下水源、土壤和空气，严重威胁着人们的生活环境。虽然投入了大量的人力、物力、财力和科技对养殖场粪尿污水进行无害化处理，但实际效果并不理想。在传统的养殖生产中，畜禽粪便的堆肥是一种重要的农业生产技术，虽然以前养殖畜禽的生产水平不高，但绝没有产生像当前环境这样恶化的问题，需花大量财力去治理的环境污染问题。其主要原因就是遵循了生态学的基本规律。在现代化的一些养殖场中，虽然有各种各样的粪尿无害化处理方法，但有效、成本低、对环境二次污染小的还是用生态途径还田入地、自然降解。将养殖粪尿污染作为其他生物群落或其他农业系统生产的宝贵资源，实现畜禽养殖无污染。在没有污染的环境中养殖动物，同时动物养殖也不会造成新的环境污染。生态健康养殖模式就是一种集节能、环保于一体的废弃物处理再利用模式，依照减量化、再利用和再循环原则，能够有效减少养殖废弃物、污染物的产生，减少农药和化肥的投入，缓解残留农药、化肥、抗生素等对土壤环境、水环境的压力，遏制农药污染的扩大趋势，切实保护生态环境。

3. 降低养殖生产成本，生产健康的绿色食品　生态健康养殖的基本指导思想是充分利用畜禽的生物学特性，尽量多用或全部使用各种自然生态环境和各种自然资源，减少或不使用人工化学合成物质及人工能源，使养殖的综合成本降低到最低。但是如果仅是在合适的自然生态环境中依靠摄取天然物质进行散养而不使用配合饲料，则畜禽生长速度慢，其经济效益低，严重影响养殖者的积极性，同时也不能满足市场的消费需要，也不符合现代生态健康养殖的理念。因此在生态健康养殖过程中仍需要使用配合饲料，但所用的配合饲料中不能添加促生长剂，少用人工合成的化学物质添加剂等。因此，所生产出的畜禽产品就能满足人们对无污染、无残留、无毒害作用且健康卫生的动物产品的需求。

4. 是实现畜牧业可持续发展的必由之路　生态健康养殖要求在养殖动物品种选择上必须坚持养殖动物品种、品系的生物多样性原则，不但要根据具体生态社会环境选择现代品种，而且还要保护好可供今后使用的品种资源。生态健康的养殖要求按生态系统基本原理组织养殖动物的生产环节，不仅要充分利用好当地资源，还要维护好可再生自然资源，保护好环境。同时还要求通过自然系统的生物降解途径处理养殖生产过程的各种废弃物，循环利用。这样的养殖方式是在农业生态越来越恶化背景下提出的，是可持续发展畜牧养殖业的基本方向。大规模、高度集约化、工厂化畜禽生产的建成，极大改善了养殖动物生长的环境条件，养殖生产水平得到高度发挥，也极大满足了市场对动物产品的需要，但所带来的污染问题严重影响了畜牧业的可持续发展。根治畜牧业污染，建立良好的畜牧生态环境体系，才能实现畜牧生产中资源和生态环境的协调，人与自然的和谐，走出一条种养结合、环境友好、高效安全的现代生态养殖发展道路。

第三章 | CHAPTER 3

生态健康养殖场的规划设计

随着人民生活水平的提高，人们对肉、蛋、奶及其制品等的品质、安全要求逐渐提高，并向优质化、多元化发展。以良好的生态环境和健康的养殖技术为基础，发展生态健康养殖是实现畜牧业可持续发展的必然要求。实现生态健康养殖生产的第一步是做好养殖场的规划设计、建设和环境管理。生态健康养殖场设计的基本原则是坚持生态性和经济性，养殖场不会对自身和周边乡村产生不良影响，同时考虑经济效益的内容。养殖场的规划与设计的主要内容与养殖动物、养殖规模和规划层次有关，国家对养殖业的发展规划、地区养殖业的总体规划以及养殖场的具体规划是在不同层次水平上对养殖业的规划设计。养殖业的区域规划属于总体规划，是对某个区域内不同类型、不同层次的养殖场的总体布局，而相对于某个养殖场的规划则属于个体的建设规划。本章将重点阐述养殖场的个体规划设计，主要内容包括养殖场的场址选择、养殖场的工艺设计、养殖场内部分区规划与布局以及配套设施与设备等方面的内容。

第一节　建设概述

（一）建设的基本条件

1. 资金充足　在养殖场规划中要充分考虑经济生产的内容，坚持在经济效益好的基础上，良性发展生态循环农业，充分发挥高科技的优势，有效利用有限的各种资源，用最少的人工和资金投入来健全自然生态过程。整个过程要做好资金的统筹安排，合理分配建设资金和生产资金，不要把有限资金过多地投放在基本建设和固定资产上，避免因流动资金不足造成生产损失，保证生产顺利进行。

2. 选好场址　场址的选择符合国家关于养殖动物区域规划政策，根据不同养殖动物的特点及养殖方式，如散养、舍饲散养或圈养等进行科学选址。根据地形地貌，因地制宜，进行合理的场地规划设计，尽量避免大拆大建和无计划的重复建设。

3. 做好规划　做好中长期发展规划，合理利用场地，便于今后发展，并请专业技术人员进行专业设计和论证。

4. 人员准备　畜牧养殖是科技含量较高的行业，不仅需要有畜牧兽医专业背景的专业技术人员，同时还需要懂经营、会管理的人员，这些人员应该占全场人员较高的比例。特别是养殖的专业技术人员，需要储备掌握饲养管理技术、人工授精技术、防病治病技术等经验的技术人员。

5. 动物准备　根据养殖规模的大小以及养殖动物的属性不同，由于一次性购买大量种用动物需要大量资金，因此要根据资金多少，饲养规模，合理做好种用动物购买的准备，防止空舍时间过长，造成资源浪费。

（二）建设原则

生态健康养殖场建设宗旨是生态环保、循环经济。在保持生态平衡的基础上，给动物创造适宜的生活环境，保障动物健康和生产正常运行。花较少资金、饲料、能源和劳力，获得较多畜产品和较高经济效益，实现高效、优质和健康养殖。

1. 环境适宜 适宜环境可以充分发挥动物生产潜力，提高饲料利用效率。畜禽房舍修建必须符合畜禽对各种环境条件要求，包括温度、湿度、通风、光照等要适宜，噪声、灰尘、有害气体等要合乎卫生标准。

2. 生产工艺科学 畜舍的建设必须保证生产的顺利进行和畜牧兽医技术措施的操作实施。一般养殖场的生产工艺包括动物组成和周转方式，以及饲料运输、饲喂、饮水、清粪等，也包括动物称重、人工授精、卫生防疫、疾病防治等技术措施。畜禽舍的建设必须与本场生产工艺相结合，否则会给生产造成不便，影响生产正常进行。

3. 严格卫生防疫 流行疫病会对养殖动物形成威胁，造成经济损失，通过规范养殖场建设，为畜禽创造适宜环境，会防止或减少疾病发生。此外养殖场建设时还应特别注意卫生要求，以利于兽医防疫制度执行。要根据防疫要求合理进行场地规划和建筑物布局，设置消毒设施，合理安置污物处理设施。

4. 合理施工 养殖场建设方案要经过论证并切实可行。畜舍建设应尽量降低工程造价和设备投资，降低生产成本，节约资金。同时尽量利用自然界有利条件（如自然通风、自然光照等），尽量就地取材，采用当地建筑施工习惯，适当减少附属用房面积。

第二节　养殖场的场址选择

生态养殖场的建设，在建场前必须进行大量的调研，根据养殖动物种类、养殖类型、养殖规模再进行场址选择。养殖场场址的选择要用长远发展的眼光，对所要饲养的动物品种、市场定位、采用的工艺、饲料等问题进行全面周密考虑，统筹安排。其目的是给养殖动物创造适宜的生活与生产环境，以保障动物的健康和生产的正常进行。场地好坏关系到生产和产品销售的各个环节。所以，建场时需选择一个比较理想的场地。

一、场址选择的基本要求

科学选址，合理布局，精细建设，既满足养殖动物高产、体健的需要，便于机械化管理，防止外界环境因素对养殖场的影响，又要避免对环境的污染，保持养殖场内外处于生态平衡状态是现代生态健康养殖场建设的根本要求。养殖场地址的选择是做好养殖动物生产的第一步，一个理想的养殖场场址，需要具备以下几个条件：

1. 符合当地土地发展规划 很多地区都依据国家及当地的发展规划，规定了禁养区、限养区和适养区。不得在水源保护、旅游区、基本农田保护区、自然保护区、环境污染严重地区、山谷洼地等易受洪涝威胁的地段兴建畜禽养殖场。养殖场尽量利用荒山荒坡、滩涂等未利用土地和低效闲置的土地，不占或少占耕地，严禁占用基本农田。确需要占用耕

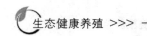

地的，也应尽量占用劣质耕地，避免滥占优质耕地，同时通过工程、技术等措施，尽量减少对耕层土壤的破坏。

2. 满足基本的生产需要　包括饲料、水、电、供热燃料等基本生产物资资源丰富。交通便利，地域较为平缓，便于饲料、动物等的运输。

3. 有足够大的面积　不仅满足畜禽舍、生活区、工作区、隔离区、饲料储存区、垫料堆放区以及粪污消化区等基本需要，同时还需要有动物运动区、绿化区，甚至要有足够能力消化养殖场粪便的土地。尤其是对散养型的生态养殖场，必须保证动物有足够的活动空间，活动区域内的植物物种尽可能丰富，并且再生能力强，能满足散养动物基本要求。

4. 适宜的周边环境　在合理利用养殖场附近土地的同时，一定要符合当地的区域规划和环境保护的要求。环境条件主要包括地形、地势、风向等利于排污、防疫，有自然屏障。周围无工业污染，与周边的单位保持足够的距离，远离人口较多的居民生活区。

二、场址选择的原则

在选择场址时，不但要考虑畜禽养殖的生产任务和经营性质，而且要对人们的消费观念与消费水平，以及国家对畜禽生产区域分布与相关政策、地方生产发展与资源利用等因素进行综合分析，并做好深入细致的调查研究后再做决定。

按照生态健康养殖建设标准及动物防疫条件的要求，同时满足动物健康生长及动物福利的要求，养殖场的选址应遵循以下原则：

（一）自然条件因素

1. 地势地貌　地势指场地的高低起伏状况，地貌即地球表面各种形态的总称，也称为地形。地形包括场地的形状、范围以及地物，即山岭、河流、道路、草地、树木、居民点等相对平面位置状况。

通常对养殖场地势要求高燥，地下水位低，平坦、开阔，避风向阳，具有足够的面积，同时还应考虑留有一定的发展余地。尤其是规模化的猪场、鸡场的选址对地势要求更为严格。潮湿的环境有利于病原微生物和寄生虫的生长和繁殖，导致动物疾病增加。地势高燥平坦，可以使养殖场环境保持干燥、温暖，有利动物体温的调节和减少疾病的发生。如果养殖场地势低洼，排水困难，在雨季经常会出现积水，潮湿、泥泞，通风不良，会造成夏季闷热，蚊虫和微生物滋生，致使动物的抵抗力减弱，亦患各种疾病，动物生产将难以进行。平原的低洼地、丘陵山区的峡谷等地方，由于空气流通不良，光线不充足，而且往往潮湿阴冷，不利于动物的身体健康和生产潜力的发挥。高山地区的山顶虽然地势高燥，但风势较大，气候变化剧烈，交通往往也不方便。

地形要平缓整齐，场地高低不平，基础工程、土方工作量大，会给施工带来困难和增加投资。地形整齐便于合理布置养殖场建筑物和各种设施，并能充分利用场地。场地形状不整，狭长或边角太多，建筑难以合理布局，且边角部分无法利用，并造成道路管线长度增加，还给场内的运输、生产联系带来不便。

平原地区比较开阔、平坦，场址选择时应注意比周围地段稍高的地方，以利于排水。

地下水位要低，以低于建筑物地基深度 0.5m 以下为宜。

山区建场建议选择在稍微平缓向阳坡面上，避免冬季北风的侵袭。但建筑区域的相对坡度应在 2.5% 以内。坡度过大不但施工时难度和施工成本增加，而且在建成投产后也会给场内的运输和管理工作带来不便。山区建场还应调研该区域的地质构造情况，避开断层、滑坡、塌方地段，也要避开坡底、谷底以及风口，以免受山洪和暴风雪的袭击。山区建场适合散养或者舍饲散养方式，尤其是雨水充足、气候温暖的地方，可实现原始生态养殖的目标。

2. 场地方位 场地方位应考虑日照、采光、温度和通风等方面的需要，一般采取坐北朝南，偏东或西 15°～16° 较好，即南向或南略偏东方向的斜坡开阔地，有利于排水、空气流通和采光。南向畜舍，由于夏季太阳高、角度大，光线射入圈内较少，舍内接受阳光辐射相对较少；冬季太阳高、角度小，舍内接受阳光照射相对较多。南向畜舍夏季自然通风好，冬季寒风侵袭少，防寒降暑性能均较好。此外，场地向阳，可获得充分的阳光，以杀灭某些微生物，有助于维生素 D 的合成，促进钙、磷代谢，预防佝偻病和软骨病，促进生长发育（图 3-1）。

图 3-1 猪场俯瞰（黄亚宽提供）

3. 水源与水质 动物生产过程需要消耗大量的水，而水质的好坏直接影响养殖场人畜及公共环境健康。首先要了解水源的情况，选择水源充足、水源周围环境条件好，没有污染源、水质良好、符合畜禽饮用水标准且取用方便的地方。其次还要注意水中所含微量元素的成分与含量，特别要避免被工业、微生物、寄生虫等污染的水源。井水、泉水等一般水质较好，河溪、湖泊和池塘等地表水要经过净化处理后达到国家标准规定的卫生指标才能使用，以确保人畜安全。

对养殖场来说，建立自己的水源，确保供水是十分必要的。水量充足是指能满足养殖场内人畜饮用和其他生产、生活用水的需要，且在干燥或冻结时期也能满足场内全部用水需要。工作人员的生活用水可以按照每人每天 20～40L 计算；畜禽饮水和饲料管理用水可根据不同动物饮水量的差异进行估算，一般牛场的饮水量最大，猪场次之，鸡饮水量相对较少（表 3-1）；消防用水按照我国防火规范规定，养殖场内设置地下式消火栓，消防水量按每秒 10L 计算；灌溉用水则应该根据养殖场区绿化、饲料种植，并考虑本地区的降水情况而定。

表 3-1 各种畜禽的每日需水量（颜培实等，2011）

家畜类别	需水量	家畜类别	需水量
牛		羊	
泌乳牛	80～100L/头	成年绵羊	10L/只
公牛及后备牛	40～60L/头	羔羊	3L/只
犊牛	20～30L/头	马	
肉牛	45L/头	成年母马	45～60L/匹
猪		种公马	70L/匹
哺乳母猪	30～60L/头	1.5岁以下马驹	45L/匹
公猪、空怀及妊娠母猪	20～30L/头	鸡	1（雏禽减半）L/只
断乳仔猪	5L/头	鸭、鹅	1.25（雏禽减半）L/只
育成育肥猪	10～15L/头	兔	3L/只

4. 土壤土质 土壤质地是由当地的地质条件决定的，由于地理环境不同，土壤质地差异很大，即使是同一地区，由于地理纬度、海拔高度、降水量、作物种植及自然植被情况的不同，土质也有明显区别。土壤的物理、化学、生物学特征，对养殖场的环境、动物生产性能影响力较大。养殖场一般要求场地的土壤透水性、透气性好，吸湿性和导热性小，保温良好。黏土的透水、透气性差，降水后容易潮湿、泥泞，尤其是受到畜禽粪尿等有机物污染后会发生厌氧分解，产生有害气体，污染场区的空气，同时潮湿也会造成各种微生物、寄生虫和蚊蝇的滋生。由于黏土的抗压能力小，易膨胀，因此在黏土基质的土地上建场应加大基础设计强度，以保证建筑物的质量安全。沙土的透水、透气性好，易干燥，受到有机物污染后自净能力强，场区的空气卫生状况好。沙土的抗压能力强不易冻胀，但其热容量小，昼夜温差大，对养殖场温度控制要求较高。沙壤土和壤土虽然是养殖场比较理想的土壤，同时沙壤土也是农田最佳土壤，但一般不用作养殖用地。

养殖场的土壤除了对质地的要求外，还要求不能被生物学、化学、放射性物质等污染过。土壤虽然有一定的自我净化能力，但许多病原微生物可以存活多年，土壤本身又难以彻底消毒，一旦有污物则具有长时间的危害性。因此，场址选择时也应避免在旧的场址或其他畜牧场上重建或改建。

5. 气候因素 在养殖的过程中，必然要受到气候的影响，比如说降水、干旱、自然灾害、全球变暖等，这些都是无法避免的自然因素。所以在进行养殖的时候，应尽可能做好对气候因素的预防工作。在大的气候条件一定的条件下，如何对养殖场小气候进行控制是本章的重点，如气温、风力、风向、日照等气候因素对养殖场小气候的影响是养殖场选址考虑因素。

养殖场选址时，首先要对拟建地区的气象资料包括年平均气温、绝对高温和最低气温、土壤冻结情况、年降水量及季节分布、最大风力、常年主导风向、日照情况等进行了解。这些气象资料与养殖场的基础设施建设、畜禽舍的防暑及防寒措施建设、畜舍朝向、栋舍之间的距离、排列等都有十分密切的联系。

（二）社会经济因素

1. 地理位置 养殖场尽量建设在饲料产地及加工地附近，靠近产品销售地，最大限度地减少运输带来的成本。养殖场每天要消耗大量的饲料，饲料从场外运进，同时动物产品需要从场内运出，甚至有些养殖场的粪污和废弃物也需要车辆外运，因此养殖场应该选择在交通便利的地方，大小车辆均能到达，以降低生产成本和防止污染周围环境。避免噪声对动物的健康和生产性能的影响，以奶牛场为例，一般应建在距离主要交通要道（公路、铁路）500m 以上，距离村庄居民点 1km 以上的下风口处，应在城市和镇、村（社区）集中式饮用水源保护区以及上游 3.5km 至下游 100m 的水域及其河岸两侧纵深各200m 的陆域以外；各镇、村（社区）集中供水点采用地下水源的，以取水点（井）为中心，半径 200m 范围以外；距离城市规划区和镇规划区、农村集中居住区 100m 以外，重要风景名胜区的核心区及缓冲区以外；周围饲料资源丰富，尽量避免周围有同等规模的养殖场，避免饲料竞争。

2. 电力保障 现代化的养殖场包括生态养殖基本都是以机械化为主，许多机械都需要电能做动力，养殖场的生产和生活用电都要求有可靠的供电条件，特别是一些生产环节如孵化、育雏、机械通风等电力供应必须绝对保证。选址时应重视供电条件，要求供电稳定，少停电，且尽量靠近输电线路，以确保有足够的电压，又可以减少电力投资。一般养殖场都要求有二级供电电源，使用三级以下供电电源时，则需自备发动机，以保证场内供电的稳定可靠。

规模化程度较高的大型养殖场，日常进行的饲料加工、圈舍清洁、蓄水用水、保温降温、夜间作业等，均需要稳定的电源维持，所以必须具备可靠的电力供应，并备有电源应急。如果条件允许，对于大型的养殖场可以申请建立专用变压器，以彻底稳定供电问题。例如一个年出栏万头的自繁自养商品猪场，一般饲料加工负载 40kW，保温负载要 40kW，所以供电负荷最好有 100kW。

3. 疫情环境 养殖场是否有利于防疫，往往决定了养殖生产的经济效益甚至生死存亡。随着畜牧业的发展，流通领域不断扩大，疫病的流行较过去更加普遍，且传播速度更快。因此为了确保防疫安全，养殖场位置必须有利于防疫，周围 3km 内不能有其他畜牧场、畜产品加工厂、屠宰场、动物及其产品交易市场、医院等。

（三）其他因素

1. 与周围环境友好 养殖场的选择在环境保护方面必须遵循两个原则，一是不对周围环境造成污染，二是尽量避免受周围环境污染的影响。因此在建设之前就应该考虑周边环境，要求没有工厂等污染源，同时也要避开居民区的排污口和排污道。最好距离生活饮用水水源地、动物饲养场及城镇居民区、文化教育科研等人口集中区域 1km 以上。

养殖场周围要建有围墙，也可利用河流、林带、山脉等天然或人工屏障，防止对周围环境造成污染。

2. 中长期发展规划 养殖场的场址选择首先应考虑当地土地利用发展规划，其次应符合环境保护的要求，以避免施工期被拆除或建成后的短期拆迁造成各种资源浪费和项目损失。养殖场的选址要有前瞻性，保证养殖场能长期的运行发展，避免短期行为。

3. 种养结合 对于发展种养结合的地区，更适合于生态养殖的发展。在养殖场选址时应考虑当地的植物种植情况，选择以种植经济作物或有价值的植物为主，例如种植的树木、观赏绿植等。选择时需要根据土壤的测定结果，选择适合的树木，比如抗病力较好的果树、观赏植物、绿化植物等。

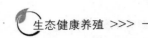

对于舍饲散养或完全散养的养殖场建设，除了考虑上述因素外，对于养殖场地内有明确的要求，例如宜选择有树木遮阳及草地的地方，以利于养殖动物活动。场地树木选择也是有讲究的，最好选择树龄较大的树，比如银杏树、黄葛树、桂花树等，这些树木本身无毒，常年没有流行性病虫害。林下养殖还可以很大程度降低病虫害，这样就无须喷洒农药，动物产品的品质也更有保障。

第三节　养殖场工艺设计

一、养殖场工艺设计的基本原则

现代化、规模化、集约化、生态化的畜牧生产特点是具有特定生产工艺流程和综合的工厂化配套设施。养殖场工艺设计涉及整体、长远利益，其合理与否对建成后的正常运转、生产管理和经济效益都有很大的影响。与一般的工业生产不同，畜牧生产的产品对象是活体动物，有独特的工艺流程、建筑设施与装备以及环境的要求。适宜的养殖场工艺能够处理好动物生产中各个环节的衔接关系，生产运行流畅，充分发挥动物品种的生产潜力。

第一，设计思想科学先进，具有现代化的设计理念和严谨的科学态度。

第二，工艺流程设计专业性、实用性强，运转效率高。

第三，采用工程技术手段，通过环境调控措施，消除季节性气候差异，实现全年均衡生产。

第四，生产工艺流程与饲养规模相匹配，设施与设备充分利用，符合工艺流程，确保生产规模。例如生猪生产工艺流程中，每个生产阶段的生猪数量、栏位数、设备等应按比例配套，尽可能使猪舍得到充分的利用。

第五，工艺流程设计环保、生态，保证做到环境自净，防疫措施合理，确保安全生产。

二、养殖场工艺设计内容

养殖场的工艺设计是专业技术人员根据行业有关规定而制定的建场方案，是进行养殖场规划设计的最基本依据，也是养殖场建成后实施生产技术、组织经营管理、实现与完成预定生产任务的决策性文件。养殖场的工艺设计包括生产工艺设计和工程工艺设计。生产工艺设计主要是根据场区所在的自然条件和社会经济条件，对养殖场的性质、畜禽种类和组成、饲养管理方式、水电配套设施、生产设备的选型配套等加以确定，提出恰当的生产指标、耗料标准等工艺参数。工程工艺设计是根据养殖生产所要求的环境条件和生产工艺设计提出的方案，利用工程技术手段，按照安全和经济的原则，提出具体的畜舍建设规模及单栋畜舍尺寸、环境控制措施、场区布局方案、防疫及废弃物安全处理措施等。

（一）养殖场的类型

根据养殖方式的不同，养殖场可分为完全散养型、舍饲散养型和舍饲圈养型。根据养殖动物的不同，养殖场可分为猪场、牛场、鸡场等。而同是猪场又可以分为原种场（曾祖代场）、祖代场、父母代场和商品猪场，牛场又分为奶牛场、肉牛场、良种牛场等。养殖类型的不同，养殖场的任务也不相同，因此在进行养殖场工艺设计时应根据养殖场的类型不同，以达到完成养殖任务为目标，科学设计，合理布局。

（二）养殖场的规模

养殖场的规模有的按照年出栏商品畜禽计算，有的按照存栏数计算。例如商品鸡场、猪场和肉牛场通常按年出栏量计算，种猪场可以按基础母猪数计，种鸡场则多按种鸡套数计，奶牛场则按基础母牛数计算。因此在进行工艺设计时应先明确养殖类型和养殖规模，经过科学的计算，根据市场需求，在技术水平、投资能力和各方面条件允许下，设计出切实可行的工艺流程。表 3-2 是养猪场种类及规模的划分，可供养殖场工艺设计参考。

表 3-2　养猪场种类及规模划分（以年出栏商品猪头数定类型）

类　型	年出栏商品猪头数	年饲养种母猪头数
小型场	<5 000	<300
中型场	5 000~10 000	300~600
大型场	>10 000	>600

（三）畜禽生产工艺设计

畜禽养殖场的生产工艺流程设计应以发展资源节约型、环境友好型和生态保育型养殖业为设计理念，设计的方案符合畜禽生产技术要求，有利于养殖场防疫卫生，达到减少粪污排放量及无害化处理的技术要求，并且能够节能、节水，提高生产效率。

1. 猪场生产工艺流程　猪场的生产工艺流程按繁殖过程设计，养猪生产的环节包括母猪配种、妊娠、分娩、仔猪哺乳与保育和生长育肥等，按照这一过程将猪群分为公猪群、繁殖母猪群、仔猪保育群和生长育肥群；其中，繁殖母猪群又可分为后备母猪群、待配母猪群、妊娠母猪群和分娩泌乳母猪群。实行全进全出制工艺，即同一批猪群同时转入、同时转出的流水式生产过程。

在国内外养猪生产中，养猪生产的模式是多样的，如果按照泌乳母猪活动的空间可分三类：集约化饲养、半集约化饲养和散放饲养。集约化饲养即完全圈养制，也称定位饲养（图 3-2），泌乳母猪的活动面积小于 $2m^2$，早期的形式是用皮带或锁链把母猪固定在指定地点，也有用板条箱限制母猪的活动空间，目前采用母猪产床也称母猪产仔栏或防压栏，一般设有仔猪保温设备。主要特点："集中、密集、约制、节约"，猪场占地面积小、栏位利用率高，采用的技术和设施先进，节约人力，提高劳动生产率，增加企业经济效益。半集约化饲养即不完全圈养制，泌乳母猪的活动面积大约 $5m^2$，可以母仔同栏，也可有栏位限制母猪，设有仔猪保温设备，或用垫草保暖。散放饲养泌乳母猪的活动面积大于 $5m^2$。户外饲养是典型的散放饲养，在欧洲比较流行，主要是因为可以满足猪的行为习性要求，投资少、节水节能，对环境污染少，动物福利事业促进了户外养猪的发展。但这种模式受气候影响较大，占地面积大，应用有一定的局限性。我国南方山地草山草坡多，气温较高，可以采用这种模式。饲养模式不是固定不变的，比如德国的诺廷根暖床养猪系统（nürtinger system），是根据猪的行为习性、环境生理要求发明的猪用暖床及配套的工程技术设施形成的养猪生产体系，这个生产体系的核心设备是猪用暖床，即前面设有聚氯乙烯（PVC）塑料的温控保温箱。暖床可用于集约化饲养、半集约化饲养和散放饲养，优点是解决大猪怕热、小猪怕冷的矛盾，同时可使猪呼吸新鲜空气，而躯体处于温暖的环境

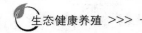
中，满足猪的生理及行为习性的要求，为猪制提供磨牙、蹭痒、淋浴、排泄等行为的场所，有利于生产管理，提高生产效率。母猪不定位饲养，可以自由运动，母猪的体质增强，繁殖性能提高，符合动物福利要求，对猪的限制较少，猪在接近自然条件下生长。

图3-2　母猪定位栏饲养（黄亚宽提供）

垫料发酵床养猪模式也是近年来发展的一种生态健康养殖模式，用锯末和稻壳做垫料，根据育肥猪大小垫料的深度为40～100cm，垫料中加发酵菌、含水量大约50％、pH7～7.5，排泄的猪粪尿与垫料混合发酵降解，没有污水产生，处理粪污效果好。

现代养猪生产的工艺流程采用分段饲养、全进全出饲养工艺。为了使生产和管理方便、系统化，提高生产效率，根据猪场的饲养规模、技术水平以及猪群的生理要求，采用不同的饲养阶段，实施全进全出工艺。图3-3和图3-4分别为四阶段和五阶段饲养工艺流程。

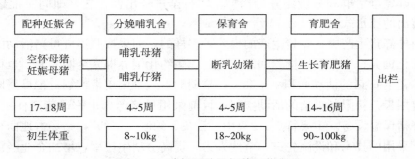

图3-3　猪场四阶段饲养工艺流程

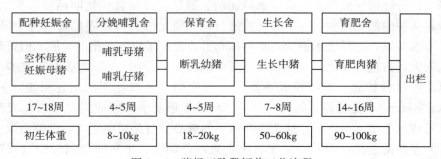

图3-4　猪场五阶段饲养工艺流程

2. 鸡场生产工艺流程　鸡场的生产工艺的设计科学合理与否关系到生产效率的高低。传统的蛋（种）鸡饲养模式为三阶段饲养，一个场区划分为不同的功能区——育雏鸡舍（图3-5）、育成鸡舍（图3-6）和蛋鸡舍（图3-7），由饲养工艺流程确定鸡舍类型。也有采用两段式全进全出饲养，即将蛋种鸡生产分为育雏育成（0～15周龄）和产蛋（16～65周龄）两个阶段，有专门的后备鸡饲养基地（0～15周龄）和蛋种鸡饲养基地（16～

图3-5　育雏鸡舍（鲁万元提供）

65周龄），一个基地采用全进全出的饲养管理模式，根据两段式管理模式设计鸡舍类型。肉鸡的饲喂主要采用一段式饲喂，饲养方式采用网上（图3-8）、地面（图3-9）或板条饲养，鸡舍设计相对较为简单，根据地区自然条件不同和鸡舍地理位置的差异，设计适宜的鸡舍。鸡舍的类型有开放式、半开放式和封闭式鸡舍。

图3-6　育成鸡舍（鲁万元提供）

图3-7　蛋鸡舍（鲁万元提供）

图3-8　网上平养鸡舍（鲁万元提供）

图3-9　地面垫料饲养鸡舍（鲁万元提供）

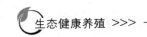
开放式鸡舍只有简易顶棚，四壁无墙或有矮墙，冬季用尼龙薄膜围高取暖。这种鸡舍优点是造价低，炎热夏季通风良好，通风和照明费用少。缺点是占地面积大，鸡群生产性能受外界环境影响较大，疾病传播机会多。一般在山林生态养殖时多采用这种方式。

半开放式鸡舍有窗户，全部或大部分靠自然通风、采光，舍温随季节变化而变化。优点是鸡舍造价低，设备投资少，照明耗电少。缺点是占地面积大，饲养密度低，防疫困难，外界环境因素对鸡群影响较大，蛋鸡产蛋率波动大。

封闭式鸡舍一般用隔热性能好的材料建造鸡舍，不设窗户，只有能遮光的进气孔和排气孔，舍内小气候通过各种调节设备控制。这种鸡舍的优点是减少了外界气候对鸡群的影响，有利于采取先进的饲养管理技术和防疫措施。缺点是投资高，要求较高的建筑标准和性能良好而稳定的附属设备，电力耗费较多（图3-10）。

图3-10 封闭式鸡舍（鲁万元提供）

3. 牛场生产工艺流程 牛场的生产工艺设计因牛的种类不同而不同，常见的规模化养殖的牛主要是肉牛和奶牛，两种牛的养殖场生产工艺流程有很大的差别。

奶牛的体型庞大，身体强壮，采食量大，同时排泄量也大，因此奶牛的饲养应有良好的管理措施，结合科学饲料营养，并为其创造最佳的生长环境，最大限度发挥奶牛的生产潜力。不同的饲养方式对奶牛的产奶量、生产寿命、繁殖指数等都会产生影响，奶牛的饲养方式不同，对奶牛场的设计也相应有所区别。因此奶牛的生产工艺以奶牛的饲养方式为中心，根据奶牛的生产周期来设计。放牧饲养、舍饲饲养以及舍饲与放牧综合饲养是奶牛饲养过程中经常采用的方式（图3-11）。在舍饲的条件下，奶牛的饲养方式主要为拴系饲养（图3-12）、散放饲养和散栏饲养。拴系饲养是传统的奶牛饲养模式，目前还在广泛地使用。该方式的优点是奶牛有较好的休息环境和采食位置，适于人工挤奶或手推式挤奶，能获得较高的单产。缺点是劳动生产率低，环境条件差，采食条件不理想，占地面积大，很难适应大规模集约化生产的要求。散放饲养是国外曾经推行过的一种饲养方式，我国目前在推广生态养殖的过程中，也积极推进并改进这种养殖方式。散放饲养的牛舍设备简单，仅供奶牛休息和避风，防日晒雨淋，舍内铺以厚垫草，平时不清粪，只需要增加新垫草，定期用推土机进行清理即可。散放饲养的设备投资少，生产效率高，挤奶设备的利用率也高，牛奶清洁卫生，质量较高。但由于管理粗放，奶牛采食饲料不均，冬季青贮饲料在室外也容易冻结，影响采食，都可能会影响奶的产量。散栏饲养是改进的散放饲养方式，结合了拴系饲养和散放饲养的优点，进一步完善奶牛场的建筑和生产工艺，使奶牛场生产由传统的手工生产方式转变为机械化厂方式，实现了奶牛生产工厂化。典型的散栏饲养模式是采用无运动场体系的全舍饲饲养方式，牛舍内设有采食区、躺卧休息区、挤奶间、清粪区等不同功能区。奶牛分组群饲养，传统的奶牛分群法比较简单，一般分为犊牛（0～6 月龄）、育成牛（7 月龄到第 1 胎产前）、成年母牛（第 1 胎产后）、干奶牛（产前 2 个月、停奶后的母牛）以及泌乳牛（处于产奶阶段的牛）。根据不同组群的奶牛特点，设计科学合理的奶牛生产工艺流程。

图 3-11　舍饲奶牛（李平提供）

图 3-12　奶牛拴系饲养（孙鹏提供）

　　肉牛的饲养方式主要有放牧饲养、半舍饲饲养和舍饲饲养。放牧饲养适用于牧区，断乳后肉牛就地放牧，根据草场（图 3-13）情况适当进行精饲料或干草的补饲。半舍饲饲养适用于半农牧区，在充分利用牧场资源的条件下，归牧后哺饲干草、青贮饲料和精饲料等（图 3-14）。舍饲饲养适用于专业化的肉牛养殖场，舍饲育肥一般采用拴系法的饲喂方式，可以对牛进行充分的管理，方便单独照顾，实行限料饲喂以提高饲料转化率，育肥统一，出栏整齐，能保证育肥牛的全进全出。肉牛一般按犊牛、架子牛和育肥牛到上市划分，生产工艺参数据此进行科学设计。

图 3-13　草　场

图 3-14　半舍饲肉牛场（李文超提供）

4. 养殖场生产工艺参数设计 养殖场的生产工艺参数是体现养殖场的生产能力、技术水平、饲料消耗和生产工艺设计的重要指标，参数的正确与否对整个设计和生产流程组织都将产生很大影响，因此对参数应反复推敲，谨慎确定。主要生产指标包括养殖场的畜禽品种、性质、畜群结构和主要的畜禽生产性能指标。例如鸡场的工艺参数主要依据鸡场的种类、性质、鸡的品种、鸡群结构、饲养管理条件、技术及经营水平来确定，种鸡场的种蛋受精率和孵化率、年产蛋量、死淘率等；猪场的主要生产工艺参数主要考虑猪群结构、繁殖周期、年产胎数、窝产活仔数、仔猪出生重、母猪妊娠期及哺乳期天数等；牛场的生产工艺参数主要包括牛群的划分、饲养周期、公母比例、利用年限、生产性能等指标。关于养殖场的生产工艺参数设计在不同动物养殖与饲养的专著中均有参考数据，本章仅列举某万头商品猪场生产工艺参数供参考（表3-3）。

表3-3 某万头商品猪场生产工艺参数

项目		参数	项目		参数
妊娠期（d）		114		出生时	19.8
哺乳期（d）		35	每头母猪年产	35 日龄	17.8
保育期（d）		28～35	活仔数（头）	36～70 日龄	19.9
断乳至受胎（d）		7～14		71～180 日龄	16.5
繁殖周期（d）		159～163	每头母猪年产肉量（活重）（kg）		1 575.0
母猪年产胎次		2.24		出生至 35 日龄	156
母猪窝产仔数（头）		10	平均日增重（g）	36～70 日龄	386
窝产活仔数（头）		9		71～180 日龄	645
成活率（%）	哺乳仔猪	90	公母猪年更新率（%）		33
	断乳仔猪	95	母猪情期受胎率（%）		85
	生长育肥猪	98	公母比例		1：25
出生至 180 日龄体重（kg）	初生重	1.2	圈舍冲洗消毒时间（d）		7
	35 日龄	6.5	繁殖节律（d）		7
	70 日龄	20	周配种次数		1.2～1.4
	180 日龄	90	母猪临产前进产房时间（d）		7
			母猪配种后原圈观察天数（d）		21

5. 环境参数 养殖场的生产工艺设计中，应提供环境参数包括温度、湿度、通风、光照、有害气体浓度、微生物含量等舍内环境参数和标准。

6. 畜群结构 根据养殖场的畜禽种类、生产规模、生产工艺流程和生产条件，将生产过程分为若干阶段，不同阶段组成不同类型的畜禽群体，然后对每个阶段的存栏数量进行计算，确定畜禽结构组成。根据畜禽组成及各类畜禽之间的关系，可制订相应的生产计划与周转流程。表3-4和表3-5是某万头猪场的猪群结构和不同规模猪场的猪群结构。

表3-4 某万头商品猪场的猪群结构

猪群种类	饲养期 （周）	组数 （组）	每组头数 （头）	存栏数 （头）	备　注
空怀配种母猪群	5	5	30	150	配种后观察21d
妊娠母猪群	12	12	24	288	
哺乳母猪群	6	6	23	138	
哺乳仔猪群	5	5	230	1 150	按出生头数计算
保育仔猪群	5	5	207	1 035	按转入的头数计算
生长育肥群	16	16	196	3 136	按转入的头数计算
后备母猪群	8	8	8	64	8个月配种
公猪群	52		23		不转群
后备公猪群	12		8		9个月使用
总存栏数				5 992	最大存栏头数

表3-5 不同规模猪场的猪群结构

猪群种类	存栏头数（头）					
生产母猪	100	200	300	400	500	600
空怀配种母猪	25	50	75	100	125	150
妊娠母猪	51	102	156	204	252	312
哺乳母猪	24	48	72	96	126	144
后备母猪	10	20	26	39	46	52
公猪（含后备公猪）	5	10	15	20	25	30
哺乳仔猪	200	400	600	800	1 000	1 200
保育仔猪	216	438	654	876	1 092	1 308
生长育肥	495	990	1 500	2 010	2 505	3 015
总存栏	1 026	2 058	3 090	4 145	5 171	6 211
全年上市商品猪（估测值）	1 612	3 432	5 148	6 916	8 632	10 348

（四）养殖场工程工艺设计

养殖场工程工艺的设计与生产工艺设计很好地结合，才能发挥养殖场良好经济和社会效益，确保养殖动物的健康和高产，同时保证环境健康。在养殖工程工艺设计时，应从保护耕地、节能减排、动物福利、清洁生产及工程防疫等几个方面重点考虑。

1. 畜禽舍工艺设计的主要内容　畜禽舍是养殖场主要的生产场所，其设计合理与否，不但关系到畜禽舍的安全和使用年限，而且对畜禽的潜在生产性能能否得到充分发挥、舍内小气候状况、养殖场工程投资等都有重要影响。畜禽舍建设应充分考虑畜禽的生物学特性和行为习性，为畜禽生长发育创造适宜的环境条件，以确保畜禽健康和正常生产性能的发挥。根据饲养动物的差异，畜禽舍的设计有其自身的工艺特点，应符合畜禽生产工艺要求。规模化养殖场通常按照流水式生产工艺流程，进行高效率、高密度、高品质生产，这就要求畜禽舍设计时在建筑形式、建筑空间及其组合，建筑构造及总体布局上，与普通的民用建筑、工业厂房有很大的不同。在畜禽舍设计时应根据畜禽品种、年龄、生长发育强度、生理状况、生产方式的差异，对环境条件、设施设备、技术要求等都有所不同，因此针对不同动物对特殊的环境要求及专业的设施设备需求等，根据养殖性质和任务科学设计符合畜禽生产工艺要求的畜舍。良好的工程配套技术对充分发挥优良品种的遗传潜力、提高饲料转化率极为重要，同时还能充分发挥工程防疫的综合防治效果，降低疾病的发生率，为生态健康养殖的优质畜牧生产创造良好条件。

畜禽舍的种类和数量是根据生产工艺流程中畜禽群组成、饲养时间、饲养方式、饲养密度和劳动定额计算确定，并综合考虑场地、设备规格等情况。猪舍、鸡舍的设计比较复杂，尤其是现代化饲养条件下，饲料投喂、粪污清理、动物健康检查等都高度自动化，对畜禽舍的设计提出了更高的要求。有关畜禽舍设计在养殖场规划设计及工艺设计的专著中有详细的著述。

2. 畜禽舍的建筑形式　畜禽舍单体建筑是养殖场总体规划的组成部分，要充分考虑与周围环境的关系，如原有建筑物的状况、道路走向、场区大小、环境绿化、畜禽生产过程中对周围环境污染等，使其与周围环境在功能和生产程序上衔接良好。畜禽舍的建筑形式、色调等要与周围环境相协调，利用农业建筑物本身的特点，建造朴素明朗、简洁大方的建筑形象。在畜禽舍设计和建造过程中，应进行周密的计划和核算，根据当地的技术、经济和气候条件，因地制宜，就地取材，尽量做到节省劳动力、节约建筑材料，减少投资。在满足先进的生产工艺条件下，尽可能做到经济实用。

随着建筑材料技术的发展，畜禽舍的建筑也发生了改变。过去通常采用砖混结构，主要是参考工业与民用建筑进行设计建造。20 世纪 80 年代以后，又出现了简易节能开放型畜禽舍、大棚式畜禽舍、拱板结构畜禽舍、复合聚苯板组装式畜禽舍、太阳能畜禽舍等多种建筑形式。简易节能开放型畜禽舍比封闭型畜禽舍造价低，节能效果好。近年来出现的开放型可封闭畜禽舍和可屋顶自然采光的大型连栋技术等新型畜禽舍建筑，使畜禽舍建筑的形式更加多样化，这种建筑不但综合了开放舍和密闭舍的优点，更有利于节约土地、资金，减少运行费用，对推动生态畜牧业起到了良好的作用。

3. 设备选型　根据畜禽舍工程设计的要求，尽量做到工程配套。养殖场设备包括饲养设备（栏圈、笼具、畜床、地板等）、饲喂及饮水设备、清粪设备、通风设备、降温加热设备、照明设备、环境自动控制设备等，选型时应根据养殖动物的生物学特点和行为需要及对环境的要求，饲养管理方式，环境调控方式和设备的性价，比及配套情况进行选择和考察，还应对全场设备的投资总额、动力配置、燃料消耗等分别进行计算。

4. 工程防疫　养殖场的动物防疫工作是一项复杂的系统工程，贯穿于养殖生产管理全过程。"预防为主，防重于治"，严格的卫生防疫制度是保障养殖场安全生产的关键。工艺设计时，应按照防疫的要求，从场址选择、场区规划、建筑布局、生产工艺、环境管理、粪污处理、场区绿化等各个方面加强卫生防疫，并制订详细的防疫制度（本书第六章详细著述）及配有相关的防疫设施、设备等，保证生产中能方便正常运行。

5. 粪污处理技术　养殖场的粪污处理与利用技术是关系养殖场乃至整个农业可持续发展的问题，也是目前全世界都面临的一个比较突出的问题。利用微生态技术对畜禽废弃物的资源再利用是解决养殖业污染的主要途径之一，生态养殖、种养结合技术的应用缓解了养殖业废弃物的污染，但还没有达到理想的标准。因此在养殖业粪污处理技术的发展道路上还有很长的路要走。本书的第六章将对养殖企业的废弃物及环境保护进行专门的阐述。图 3-15 是生态健康养殖场的废弃物处理工程设计。

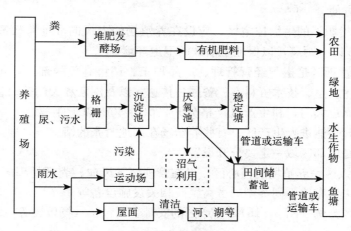

图 3-15　生态健康养殖场的废弃物处理工程设计

第四节　养殖场的规划布局

养殖场的规划布局就是根据拟建场地的环境条件，科学确定建设各类建筑物的数量和相对位置，以及对将来养殖场拓展扩建的预留设计。布局是否合理，关系到养殖场今后组织生产、劳动生产成本、经济效益的一系列问题，其规划的最终目的要满足动物卫生防疫条件，降低建场投资，方便生产管理，提高劳动生产效率和养殖经济效益。因此认真做好养殖场分区规划，确定场区各种建筑物的合理布局十分重要。

（一）规划的原则

安全防疫的卫生条件和减少对外部环境的污染是现代集约化畜牧业养殖场面临的严峻问题，场区的合理规划设计对实施生态健康养殖至关重要。因此在规划布局时，应重点从以下几个方面进行考量：

第一，根据不同养殖场的生产工艺要求，结合当地气候条件、地形地势及周围环境特点，因地制宜，按功能分区。合理布置各种建筑物，充分发挥其使用功能，创造良好工作环境。

第二，利用场区的自然地形条件，顺势建设，在不影响整体布局及功能使用的前提下最大限度地减少基本建设费用。

第三，场区布局能够使场区的人流、物流有序流动，为养殖生产创造有利的环境条件和生产联系，实现高效生产。

第四，保证建筑物有良好的朝向，满足采光和自然通风条件，并有足够的防火间距。

第五，养殖废弃物的处理、生物安全与防疫等，都符合安全生产的要求。

（二）养殖场的功能分区

养殖场按照总体功能进行大的分区，分为 5 个功能区，即生活区、管理区、生产区、辅助生产区、隔离区和粪污处理区。布局应该考虑地势、地形、风向、交通等，从人畜保健角度出发，以建立最佳生产联系和卫生防疫条件为前提，合理安排布局各区位置，力求总体紧凑，使用方便。

1. 生活区 指职工的生活住宅区，应设在养殖场的上风向和地势较高的地段，并与生产区保持 100m 以上距离，以保证生活区的卫生环境。

2. 管理区 管理区是指与经营管理、产品加工、销售有关的部门，包括办公室、接待室、会议室、化验室、技术资料室、餐厅、传达室以及围墙和大门等。管理区要安排在生产区上风向，靠近大门，和生产区严格分开，保持 50m 以上距离。外来人员、车辆只能在管理区活动，不能进入生产区。有些养殖场在用地紧张的情况下，通常生活区与管理区连在一起，但是内部区域一定要分开设置。

3. 生产区 该区是养殖场的核心区，设在管理区下风向、粪污处理区上风向的位置，要安静、安全。主要布置不同类型的畜禽舍及相关设施设备等。

以奶牛生产区为例（图 3-16），生产区的安排主要包括（杨效民等，2011）：

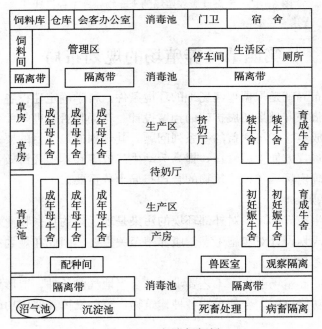

图 3-16 奶牛场规划

（1）牛舍安排在生产区中心，通常按照奶牛生长周期进行分别设置，一般以泌乳牛舍、干乳牛舍、产房、犊牛舍、育成前期牛舍、育成后期牛舍顺序排列，也可根据实际生产情况进行合理布局。各牛舍之间要保持足够的距离，利于防疫和防火。

（2）挤奶厅位置以最大程度缩短奶牛挤奶的行走距离和减少与净道的交叉点，并便于奶车取奶为原则。有的养殖场在挤奶厅附近设有处置和治疗室，便于常见病的及时治疗。

（3）精饲料库、干饲料库、青贮池和草料加工车间，应设在管理区与生产区之间地势较高处，离牛舍要近一些，并相对集中，兼顾饲料由场外运入、日常取料、送料等环节。干草棚与其他建筑物应保持 60m 以上距离。草料库饲草储存量应满足 3～6 个月生产需用量要求，精饲料储存量应满足 1～2 个月生产用量标准。青贮池（窖）要选择建在排水好，地下水位低，地势高，防止倒塌和地下水渗入的地方。无论是土质窖还是用水泥、砖石等建筑材料制作的永久窖，都要求密封性好，防止空气进入。墙壁压直而光滑，要有一定深度和斜度，坚固性好。

（4）生产区道路应与粗饲料生产供应线路、奶牛挤奶移动线路、粪便处理线路及各建筑物之间的联系相吻合。污道与净道要分开，尽量避免交叉污染。主干道应不透水，并具有一定坡度向排水沟排水。路旁设排水沟以排除路面积水。雨水采用明沟排放，污水采用暗沟排放和三级沉淀系统。

（5）应采用经济合理、安全可靠的消防设施。各牛舍防火间距为 12m，草垛与牛舍及其他建筑物间距应大于 50m，且不在同一主导风向上。草料库、加工车间 20m 以内分别设置消火栓，可设置专用消防泵与消防水池及相应的消防设施。消防通道可利用场内道路，应确保场内道路与场外公路畅通。

4. 辅助生产区 辅助生产区主要是指场区内的供水、供电、供热、维修、仓库等设施，这些设施需要紧靠生产区布置，与生活区和管理区没有严格的界限要求。对于饲料仓库，要求仓库的卸料口开在辅助生产区内，取料口开在生产区内，并且保证生产区内的车辆与外运料车不能交叉使用。

5. 隔离区 一般规模养殖场都设有隔离区，用于对本场患病动物和从外界新采购动物的隔离，但往往达不到预期效果。因为这些隔离区都建在生产区的范围内，与养殖场的人员、道路、用具、饲料等方面存在各种联系，因此形同虚设。场内的单独隔离区主要是兽医室、隔离畜舍、畜禽尸体解剖室、畜禽尸体高压灭菌或焚烧处理设备，以及粪便和污水储存、处理设施。隔离区应处于全场常年主导风向的下风向和全场场区的最低处，并与生产区之间设置适当的卫生间隔和绿化隔带。隔离区的粪便污水处理设施也应与其他设施保持适当的卫生间距。隔离区内的粪便污水处理设施与生产区有专用道路相连，与场外有专门的大门和道路相通。对新进场动物、外出归场的人员、购买的各种原料、周转物品、交通工具等进行全面的消毒和隔离。

6. 粪污处理区 粪污处理区是养殖场为了及时有效处置废弃物而专门设立的独立区域，应置于全场下风向和地势低洼处，距离生产区应保持 50m 以上距离，有专门的粪污处理设施和设备。粪污处理区根据养殖场粪污处理技术的不同，建设符合本场的粪污处理设施、设备。通常粪污处理区主要包括沼气粪污净化综合处理系统，田间管网沼液输送系统的设施、设备，以及储粪池、污水储液池、沉淀池、焚尸坑、发酵池等。粪污处理技术及综合利用详见本书第七章。

7. 绿化 规模化、集约化的生态养殖密度大，与传统的生态养殖不同，养殖动物对周围环境提出了更高的要求。良好的空气环境有利于动物的健康生长，更有利于防疫。养殖场绿化不仅美化环境、净化空气,也可以防暑、防寒,改善养殖场的小气候。同时,还可以减少噪声,冬季防风,夏季防暑,并有利于防疫隔离,促进安全生产。在养殖场进行总体布局的时候,要考虑和安排一定比例的绿化面积。生活区、管理区和生产区的道路两旁及栏舍之间,是重点的绿化地区。养殖场四周设置防风林、隔离林,畜舍之间、道路两旁进行遮阳绿化。当然在选择绿化种植时,也要考虑树干高低和树冠大小,防止夏季阻碍通风和冬季遮挡阳光。

牛场的绿化显得更为重要,树木具有遮阳、降温和调节温度的重要作用,因此牛场的空地都应进行绿化。在炎热的夏季,强烈的日光照射对牛危害较大,往往因此造成牛食欲减退、产奶量下降、生长发育减缓,严重的会引起中暑。绿化可以显著改善牛场的温度、湿度、气流和日晒等情况。在运动场周围有树木遮阳,牛在舍外就能避免日光照射。树叶的蒸发会吸收空气中的热量而使气温有所下降,同时也增加了空气中的湿度。另外,因树叶可遮挡阳光,树木附近和周围空气的温差可产生轻微的对流作用,对调节奶牛的体温平衡有一定的作用。

牛场的绿化,不但可以改善场区的小气候、净化空气、美化环境,而且可以起到防疫和防火等良好作用。由于树木对空气中尘埃有吸附作用,可减少空气中的灰尘,使空气得到清洁。树木生命活动中产生大量的臭氧,可以使空气中有毒气体被氧化、分解,甚至可杀死病原微生物,达到空气消毒的作用。此外树木组成的隔离带能够减少风力,对空气流动携带的病原微生物具有过滤作用,阻止疫病的传播。树木枝叶含有大量的湿气和具有防风隔离的作用,因此具有防止火灾发生和蔓延作用。牛场的绿化应进行统一的规划和布局,根据当地的自然条件,因地制宜。例如在北方寒冷地区,一般气候比较干燥,要根据主风向和风沙的大小,设计牛场防护林带的宽度、密度和位置,并选用适应当地土壤条件的林木或草种进行种植。

第四章 | CHAPTER 4

生态健康养殖的饲料生产体系

随着可持续发展战略的逐步实施以及和谐社会的构建，农业生态学得到大力发展和应用，对养殖业的发展方向产生了极大的影响，生态养殖这一理念应运而生，并得到大力支持和发展，同时创造了可观的社会效益和经济效益。饲料在养殖成本中占有很大的比重，生态健康养殖对饲料生产体系提出了更高的要求。除了一些大型养殖场外，大部分养殖企业的饲料依然依赖饲料企业的供应。现阶段我国养殖市场的饲料供应体系主要流程和环节包括原材料的采集、饲料生产加工、饲料运输、废水废料处理等，在向生态养殖方向发展的过程中，还有很多地方不够完善，造成了一些资源浪费和环境污染等现象，从而引起了一些生态问题。因此，建立完善的饲料安全生产体系，是保证畜牧业健康发展的关键环节。

第一节　饲料生产体系中存在的生态问题

（一）农业生产中的秸秆大量燃烧造成资源的浪费和大气污染

秸秆、麦秆等是反刍动物最原始最常见的饲料原材料，但是由于现阶段农业产业化的进行等，农户个体养殖逐渐退出市场，秸秆曾经作为养牛中小散户的主要饲料原料也逐渐失去了市场。在传统的农业生产中，农业生产的主要目的是创造经济收入，因此重点放在有直接经济收益的产品上，而生态环保的意识薄弱，对环境效益和资源利用的关注不够。具有经济收益的主要产品是玉米、大豆等果实，而农作物秸秆等产物的价值往往被忽略，可以用来制造饲料的秸秆被当作废物处理，进行大量的焚烧处理，造成了资源的严重浪费和对大气的破坏。以华北平原为例，每年秋收过后，大量的集中焚烧秸秆加重了空气污染，造成了不良的社会影响。

（二）饲料安全问题堪忧

饲料的原料、配料、添加剂以及饲料供应的每一个环节都可能存在安全隐患，饲料的安全不仅关系到养殖动物的安全，也直接关系到养殖户的产品生产和经济收益。饲料在储存和运输的过程中也存在着一定的安全问题，比如储存的过程中一些有毒有害微生物在饲料中滋生并大量繁殖，造成饲料的安全问题等。更加严重的是，有害的饲料通过猪、牛、羊、鸡、鸭等进入人体，对人的身体健康和生命安全造成严重威胁，而最终危害到社会的稳定和和谐。

（三）饲料生产对周围环境的压力

对于普通的浓缩饲料、预混合饲料及配合饲料的生产，除了生产过程中产生的噪声和

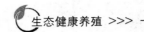

粉尘外，很少会对周边环境产生影响。而对于一些添加剂生产企业，由于某些添加剂是通过微生物发酵生产或者化学合成方法生产的，生产过程中产生的废料、废水等污染物如果不进行处理或者处理后没有达到排放标准就直接排放的，会造成企业周围环境的污染和破坏，特别是对当地水环境的污染，严重影响当地居民的正常生活。

（四）饲料生产技术落后

现阶段饲料生产的主要厂家都是中小型企业，多采用加盟商形式的产业结构。饲料厂的生产技术相对落后，生产设备不够先进和齐备，生产能耗高，产率低，造成对资源的不合理利用和浪费，不能使原料充分发挥它的价值以创造最大的收益。

现阶段是饲料工业转型升级的关键时期，"互联网＋饲料工业"的突出特点是"产出高效、产品安全、资源节约、环境友好"。随着消费者对动物源性食品的关注度增加，饲料工业生产朝着安全、风味和绿色的方向发展。利用科技创新等多种技术及手段，多途径开发饲料资源，坚持绿色发展理念，促进养殖业发展与环境保护相协调。在饲料的生产过程中，大力推广先进的设备，积极应用科学技术，改变高能耗、高污染、高排放，实现绿色、低耗、环保饲料产业及养殖业的发展，符合生态养殖的发展需求。

（五）饲料运输成本高

饲料的物流运输一直是最为混乱和薄弱的地方，养殖户到厂家的直接购买、农用车的厂家取货和零售等形式是饲料运输的主要形式，造成饲料的运输成本高，饲料在运输过程中的折损大等问题，直接增加了养殖成本。饲料的个体运输零售模式，增加了运输的燃油费和饲料在运输过程中的损失，从而造成养殖户购买饲料的成本增加，最终造成养殖业成本的增加以及养殖收益的相对减少。

在饲料的生产运输过程中，应采用科学的管理办法，减少人力物力的浪费。科学的管理方法可以实现人员的合理配比和机器设备的合理运行，节约人力，并且减少设备没必要运行造成的浪费。尤其是在运输过程中，采取厂家与养殖户直接对接的模式，减少中间商环节，不仅减少养殖户的养殖成本，同时减少运输过程中的饲料浪费和运输成本。

第二节　常见饲料原料与质量控制

在养殖生产过程中，饲料费用约占养殖成本的 70％，饲料价格的高低直接影响养殖成本，而饲料营养水平关系到动物生产潜力的发挥以及动物产品的品质。因此，饲料的质量对动物养殖至关重要，不但需要营养全面、消化率高，而且要经济、安全、无公害。

一、能量饲料

能量饲料是指饲料中粗纤维含量低于 18％、粗蛋白质低于 20％的饲料，主要包括谷实类及其加工副产品、油脂。这类饲料的适口性好，容易消化，能量高，是猪、鸡饲料中的主要原料，在日粮中占 50％～70％。

（一）谷实类饲料

谷实类饲料的特点是淀粉含量高、粗纤维含量低，动物可利用的能量高，是配合饲料中的主要能量提供者。谷实类饲料蛋白质含量较低，一般 10％左右，维生素 B_1 含量丰富，维生素 B_2 含量较低，不含维生素 B_{12}。

1. 玉米　由于适口性好、能值高以及单位土地面积上可消化营养产量较高，已经成为最为重要的饲料作物，是目前养殖动物生产中最主要也是使用最多的能量饲料。玉米中糖类含量高，其中大部分为高度可消化淀粉，而且纤维含量较低，玉米脂肪含量相对较高，因此代谢能值高。玉米中含有较高比例的不饱和脂肪酸，是油酸的极好来源。黄玉米中叶黄素、类胡萝卜素含量高，在蛋鸡饲料中添加可以加深蛋黄的颜色，满足消费者的喜好。

玉米中生物素和胡萝卜素含量高，但其他维生素缺乏。玉米中的烟酸是以结合的形式存在，同时色氨酸（烟酸的前体物质）含量非常低，因此在以玉米为基础日粮的饲料中，应该注意补充烟酸。

玉米在收获及储存的时候，如果条件适宜，含水量保持在 $10\%\sim12\%$ 时，玉米质量是非常好的。但是如果收获时遇雨或在储存过程中受潮，玉米容易发生霉变并产生霉菌毒素，导致质量下降，严重者甚至无法在动物生产中应用。

2. 小麦　小麦通常是供给人类使用有富余或者不适合人类使用时，才用来饲喂动物。小麦营养价值高，比玉米的代谢能值稍低，但粗蛋白质、色氨酸和赖氨酸含量高，可以替代玉米作为高能饲料原料，同时需要添加的蛋白质比玉米少。不同小麦品种的营养价值差异很大，加拿大草原养猪研究中心分析了大量的小麦样品，发现小麦的粗蛋白质含量为 $12.2\%\sim17.4\%$，中性洗涤纤维（NDF）含量为 $7.2\%\sim9.1\%$。中国农业大学 2017 年分析了国内来自不同地区及饲料企业的 63 份小麦样品，其中粗蛋白质含量为 $11.02\%\sim15.90\%$，粗纤维含量为 $1.90\%\sim3.22\%$。

在澳大利亚、加拿大和英国，小麦是家禽日粮中最常用的谷物，由于小麦中含有非淀粉多糖，因此通常在以小麦为基础的日粮中添加酶制剂如木聚糖酶等，提高动物对小麦的消化利用率。

小麦在收获或储存的过程中，如果遇到雨季或受潮会发生霉变，产生霉菌毒素。磨碎的小麦储存不当容易酸败，导致适口性下降。因此对于小麦在日粮中的使用，应注意防止小麦受潮发生霉变。

3. 稻米　稻米研磨后得到的白米（俗称大米）是人类的主要粮食。稻米经过初磨后得到糙米（约80%）和稻壳（约20%），糙米再经研磨生产米糠（约10%）、白米（约60%）和碎米（约10%）。若糙米和碎米的价格合适，可以用来做动物饲料。在陈化粮处理的过程中，很多企业将稻米加工成糙米用于饲料生产，但一定要注意稻米没有发霉或者没有真菌毒素污染，才能用于动物饲料。

4. 高粱　高粱又称蜀黍，是世界上第五大重要的谷类作物。高粱的粗蛋白质含量比玉米高，所含消化能与玉米相差无几，是高粱产区的主要能量饲料。高粱由于含有单宁适口性差，大量食用易引起便秘，不宜直接饲喂动物。美国种植的高粱很大比例用于生产乙醇，高粱酒糟饼用于动物饲料。

5. 大麦　大麦是世界种植最广泛的谷物，在北美洲、欧洲和澳大利亚都有种植，是加拿大的主要饲用谷物。高质量的大麦用于酿造啤酒，低质量的大麦用于饲养动物。大麦属于中等能量水平的谷物，富含纤维素。大麦的营养价值与可食性受大麦中的非淀粉多糖

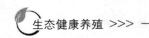

影响，使用大麦日粮时在饲料中添加非淀粉多糖酶，可以提高大麦的消化利用率。

（二）糠麸类饲料

1. 小麦麸　小麦麸是小麦籽粒外层的种皮部分，商业化面粉厂在面粉加工过程中最初的副产品。粗蛋白质含量很高（与小麦品种及加工工艺有关），通常为14%～17%，粗脂肪3.0%～4.5%，粗纤维10.5%～12.0%。小麦麸适口性好，但能量低，粗纤维含量高，限制了其在动物饲料中的使用。

小麦麸由于吸水性强，容易发霉变质。此外较高的粗脂肪含量，导致小麦麸在储存的过程中也容易出现酸败。因此小麦麸在使用的过程中应注意检查是否发生酸败及霉变，保证饲用安全。

2. 小麦次粉　小麦次粉是由小麦麸细颗粒、碎小麦、小麦胚芽、小麦面粉和一些未磨碎物组成，粗纤维含量一般不超过9.5%。小麦次粉是介于小麦面粉与小麦麸之间的副产品，在欧洲和澳大利亚被称为细麸皮。次粉的成分和质量随着各组分的含量及研磨的细度等变化很大。通过对美国13个州的14个小麦次粉样品的营养成分进行分析，其营养素的均值为：干物质89.6%，粗蛋白质16.2%，钙0.12%，磷0.97%，中性洗涤纤维36.9%。

小麦次粉在饲料中添加，尤其是用于颗粒饲料生产时，由于小麦次粉的黏合作用，很少会产生破碎和细粉。同时小麦次粉经过蒸汽制粒，破坏了小麦糊粉层的细胞，提高了动物对次粉的能量与蛋白质的利用率。

小麦次粉在储存的过程中，在高温及潮湿的环境中容易发生霉变及酸败，甚至产出真菌毒素。因此在应用时应注意检测次粉的卫生质量指标，达到标准方可使用。

3. 米糠　米糠是稻米最重要的副产品，可以作为谷类饲料的替代品。质量好的米糠其饲用价值与小麦相当，新鲜的米糠是动物很好的饲料。米糠的粗脂肪含量高（14.0%～18.0%），且大多数为不饱和脂肪酸，在高温、潮湿的条件下，容易发生酸败，适口性降低。将米糠中油脂提取出来生产的脱脂米糠大大地提高了米糠的应用安全性。

米糠应在环境干燥、温度低的条件下储存，以防止发生氧化变质，储存时间过长出现酸败味道，影响在动物饲料中的使用。

此外油脂也是一种能量饲料，包括动物油脂和植物油脂，在饲料生产时添加不仅能提高饲料总能，还能降低饲料生产的粉尘，消除静电等。油脂储存过程中主要防止氧化酸败，添加油脂的饲料在储存过程中也应防止发生酸败。

二、蛋白质饲料

蛋白质饲料是指饲料中粗蛋白质含量在20%以上，粗纤维含量小于18%的饲料。按照来源不同，蛋白质饲料分为植物性蛋白质饲料和动物性蛋白质饲料两大类。蛋白质饲料由于营养丰富，易于消化，经动物消化后能提供动物生长所必需的氨基酸等，因此是动物饲料中的重要组成部分。

（一）植物性蛋白质饲料

1. 豆粕　大豆作为一种蛋白质和油脂的来源，在美国、巴西、阿根廷和中国等国家广泛种植。除供人类食用外，大豆及其产品广泛用于动物饲养。豆粕是大豆采用浸提方式加工提油后的副产品，豆粕的粗蛋白质含量一般在 $42\%\sim46\%$，赖氨酸含量高，蛋氨酸缺乏，其他氨基酸比例适当。豆粕的消化率高，是动物饲料中普遍应用的一种蛋白质原料。由于生大豆中含有蛋白酶抑制剂、红细胞凝集素等抗营养因子，当豆粕生产过程中加热不足或者未经加热时，这些抗营养因子会降低动物的消化率，而加热过度又会发生美拉德反应，导致氨基酸的利用率降低。在仔猪日粮中尤其重视其熟化程度，豆粕过生很容易引起仔猪腹泻，目前仔猪日粮中经常使用膨化大豆或者膨化豆粕。

2. 大豆浓缩蛋白　大豆浓缩蛋白（soy protein concentrate，SPC）是以大豆为原料，经过粉碎、去皮、浸提、分离、洗涤、干燥等加工工艺，去除了大豆中的油脂、低分子可溶性非蛋白组分（主要是可溶性糖、灰分、醇溶蛋白和各种气味物质等）后所制得的粗蛋白质含量不低于 65%（干基计）的大豆产品。

大豆浓缩蛋白中各种氨基酸含量极其丰富，动物采食后消化吸收率高，抗营养因子含量极低，无其他异味，适口性好，特别适合用作乳仔猪、水产动物、犊牛、宠物的饲料。

3. 棉籽饼（粕）　棉籽在全球油脂生产中非常重要，主要产于美国、中国、印度、巴基斯坦、拉丁美洲和欧洲。棉籽饼（粕）是棉籽提油后的副产品，因加工工艺不同，棉籽饼（粕）的营养价值相差很大。棉籽饼（粕）是美国第二重要的蛋白质饲料，主要用于反刍动物饲料。

普通棉籽饼（粕）的蛋白质含量一般为 $36\%\sim41\%$，其氨基酸含量和消化率均没有豆粕高。尽管棉籽饼（粕）的粗蛋白质含量很高，但是赖氨酸和色氨酸含量低，因此在动物饲料中添加应考虑氨基酸平衡问题。棉籽饼（粕）中由于含有游离棉酚，单胃动物长时间采食或者过量采食含有游离棉酚的饲料，可导致生长迟缓，繁殖性能及生产性能下降，因此限制了棉籽饼（粕）在动物饲料中的应用。硫酸亚铁可以有效降低日粮中游离棉酚的毒性作用，可能是棉酚与亚铁离子结合，形成难溶的化合物从而不被动物吸收。通过培育无腺体的棉花品种来去除棉酚，可以解决棉籽饼（粕）的应用问题。

4. 菜籽饼（粕）　菜籽饼（粕）是油菜籽经过提油后的副产品。菜籽饼（粕）类油菜属于芥菜型油菜，是十字花科芸薹属芥菜的油用变种，主要在中国、加拿大、印度和欧洲的一些国家种植。在很长一段时间，菜籽是欧洲重要的饲料原料和燃料。"canola"于1979 年在加拿大被注册成"双低"油菜品种，即低硫代葡萄糖苷（简称硫苷）、低芥酸品种。芥酸是一种含有毒性物质的脂肪酸，与人类的心脏病有关；硫苷降解会产生对动物有毒的物质。芥酸和硫苷含量高的菜籽饼（粕）不适合用作动物饲料，但双低菜籽饼（粕）除外。菜籽饼（粕）能值偏低，粗蛋白质含量不低于 35%，蛋氨酸含量高，精氨酸含量偏低。菜籽饼（粕）还是胆碱、烟酸和核黄素的良好来源，但叶酸、泛酸含量较低。

菜籽饼（粕）中含有硫苷、芥酸、单宁、皂苷等抗营养因子。其中硫苷本身无毒，但在一定的温度和水分条件下，经过菜籽本身含有的芥子酶的酶解作用而产生异硫氰酸酯和噁唑烷硫酮、腈类和芥子碱等毒素，过多饲喂会损害动物的甲状腺、肝、肾，严重时引发中毒死亡。此外菜籽饼（粕）有辛辣味，适口性不好，在动物饲料中添加量不宜过高。

5. 花生饼（粕）　花生饼（粕）是以脱壳花生米为原料，经压榨或浸提取油后的副产品。花生饼（粕）的营养价值较高，其代谢能是饼粕类饲料中最高的，粗蛋白质含量可达 48%以上。精氨酸含量高达 5.2%，是所有动植物饲料中最高的。维生素及矿物质含量与

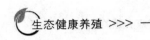

其他饼粕类饲料相近似。

花生中含有胰蛋白酶抑制因子，加热可将抑制因子破坏，但温度过高影响蛋白质的利用率。一般认为加热温度达到120℃比较合适。花生饼（粕）很容易滋生黄曲霉菌而产生黄曲霉毒素。黄曲霉毒素是剧毒致癌物质，有多种结构，其中毒性最大的是黄曲霉毒素 B_1。造成花生严重霉菌污染的主要原因是外壳损害和核仁破损，及时收获、烘干和适当储存花生是降低霉菌污染的最有效方法。蒸煮、干热等方法很难去除黄曲霉毒素，因此，对花生饼（粕）中黄曲霉毒素含量应进行严格的检测。花生饼（粕）可用于猪、鸡等单胃动物及反刍家畜，其适口性很好。但由于氨基酸组成欠佳，同时易染上黄曲霉毒素，因此花生饼（粕）的饲用量受到一定限制。但花生饼（粕）是反刍动物的良好饲料，即使感染上黄曲霉毒素，也可用氨处理去毒后饲喂反刍家畜（注意此法对单胃动物无效）。

6. 其他饼粕类饲料 亚麻饼是亚麻籽通过压榨工艺榨油之后剩下的副产品，是一种潜在的植物性蛋白质原料。亚麻饼是一种很好的畜禽蛋白质原料，蛋白质含量较高，为32%～36%。精氨酸含量较高，达到3%左右，其粗蛋白质和氨基酸的消化率为70%～90%，其消化能接近 14MJ/kg。亚麻饼中赖氨酸缺乏，因此在应用时应与其他蛋白质饲料共同使用。此外亚麻饼中含有抗营养因子亚麻和亚麻素，亚麻苦苷在亚麻酶的作用下，可能会导致动物发生氰化物中毒。

葵花饼是将葵花籽榨油后得到的产品。葵花饼营养成分差异很大，这取决于籽实的质量、提取方法和籽壳含量。全葵花饼（带籽壳）粗纤维含量约为30%，完全脱壳（去除籽壳）的纤维含量约为12%。与豆粕相比，葵花饼的赖氨酸含量较低，含硫氨基酸含量较高，代谢能大大低于豆粕，B族维生素和β-胡萝卜素含量高。葵花饼的粗纤维含量高，限制了其在动物日粮中的大量使用。

（二）动物性蛋白质饲料

动物性蛋白质饲料主要有鱼粉、肉粉、虫粉、乳、乳制品、水解蛋白以及其他动物产品等。

1. 鱼粉 鱼粉是用一种或多种鱼类为原料，经去油、脱水、粉碎加工后的高蛋白质饲料原料。鱼粉是国际上公认的动物优良饲料，鱼粉质量很大程度上取决于所用鱼的质量以及过热、鱼粉氧化等加工因素。通常鱼粉蛋白质含量为50%～75%，赖氨酸含量高，同时鱼粉中钙、磷及B族维生素含量较高，且磷的生物学利用率高。但作为反刍动物饲料不是很理想，特别是对奶牛、肉牛饲用价值不如豆饼、棉籽饼等植物性蛋白质饲料好。

鱼粉在加工时如果温度超过120℃持续2～4h，会产生肌胃糜烂素，能增加鸡胃液分泌而导致肌胃糜烂。在猪、鸡日粮中添加高浓度鱼粉可能会导致动物产品中产生鱼腥味。

鱼粉很容易滋生鲣节虫，其会消耗鱼粉中养分，降低鱼粉质量。鱼粉储存时间过长，容易氧化变质。因此鱼粉储存期间要经常检查，一旦发生霉变就不可再继续使用，以免引起养殖动物中毒。

2. 肉骨粉 肉骨粉是利用畜禽屠宰场不宜食用的家畜躯体、残余碎肉、骨、内脏等做原料，经高温蒸煮、脱脂、干燥、粉碎制得的产品。除正常生产过程中无法避免少量杂质外，肉骨粉还混有毛、角、蹄、粪便等产物。肉骨粉的粗蛋白质含量一般在50%～60%，且氨基酸组分比较平衡，价格相对较鱼粉便宜，是鱼粉的优质替代物。因原料组成和肉、骨的比例不同，肉骨粉的质量差异较大，肉骨粉的营养成分因制作工艺的不同而有很大的差异。如果原料没有骨骼组织，则肉骨粉实际是肉粉。肉骨粉中经常混杂有蹄角粉、皮毛粉、肠胃内容物，由于这部分物质中蛋白质的营养价值比纯肉粉低，因此，肉骨粉的营养价值随着这部分物质含量的增加而降低。

肉骨粉虽作为一类蛋白质饲料原料，可与谷类饲料搭配补充蛋白质的不足，但由于肉骨粉主要由肉、骨、腱、韧带、内脏等组成，还包括毛、蹄、角、皮及血等废弃物，所以品质变异很大。若以腐败的原料制成产品，品质更差，甚至可导致中毒。肉骨粉在加工过程中热处理过度会导致适口性和消化率均下降。储存不当时，肉骨粉所含的脂肪易氧化酸败，影响适口性和动物产品品质。此外，肉骨粉的原料极易感染沙门氏菌，在加工处理畜禽副产品过程中，要进行严格的消毒。尽量不用患病家畜的副产品制成的肉粉喂同类动物。在西方国家，由于疯牛病的原因，许多国家已禁止用反刍动物副产品制成的肉粉去饲喂反刍动物。

3. 其他动物性蛋白质饲料

（1）角质蛋白饲料。主要有羽毛粉、毛发粉、蹄壳粉。一般加工是经过高压、蒸煮处理，使蛋白质软化，二硫键水解。加工较好的这类饲料消化率可达80％以上，这类饲料的缺点是赖氨酸、蛋氨酸、酪氨酸较缺乏，配合日粮中不宜多用，一般用量2％～5％。

（2）虫粉。就是昆虫经过烘干、粉碎和脱脂萃取之后的粉末，又称昆虫蛋白粉，是一种新型蛋白源饲料添加剂。通常有蝗虫粉、黄粉虫粉、蝇蛆粉，或者几种昆虫粉按照一定配方进行混合制成的蛋白粉。蝇蛆粉是用蝇蛆鲜浆为培养基质，选取酵母菌、枯草杆菌、放线菌、芽孢杆菌等几十种益生菌，然后应用生物技术进行修饰和驯化，将培养好的菌种应用生物工程发酵技术，在严格的有氧或无氧状态下制成发酵饲料的菌液，经液、固二次发酵而成的蝇蛆活性蛋白质饲料，是绿色新一代饲料产品，具有抗病、促进生长、平衡畜禽营养和改善肉蛋品质的特点。蝇蛆干基粗蛋白质含量超过65％，含水量低于5％，不含盐分。虫粉中蛋白质含量高，各种微量元素丰富，营养均衡，特别是含有甲壳素、天然抗菌肽等物质，可以提高动物免疫力，作为一种新型的饲料资源正逐渐被市场接受。

三、矿物质饲料

矿物质饲料为动物提供生长必需的常量元素和微量元素，在动物的生长中起着不可或缺的作用，某些元素对维持动物机体的新陈代谢十分重要，缺乏时会出现疾病。通常矿物质饲料包括天然生成的矿物质、工业合成的单一化合物以及混有载体的多种矿物质化合物配成的矿物质添加剂预混料。

（一）常量矿物质饲料

1. 钙、磷源饲料　动物对钙和磷的需求量较大，一旦不足或比例不当，会直接影响畜禽的正常生长、发育和生产水平，是配制日粮时首先考虑的两种矿物元素。

常用的含钙矿物质饲料主要有石粉、贝壳粉、碳酸钙、蛋壳粉等，同时补充钙和磷的饲料有骨粉、磷酸氢钙、磷酸钙、过磷酸钙等。由于生产工艺和来源不同，这些钙、磷补充料在应用时应注意卫生指标，尤其是要关注重金属及氟等元素含量是否超标。

2. 钠、钾、氯源饲料　动物体内的钠、钾和氯在维持体内渗透压、电解质平衡，维持肌肉兴奋性等方面都发挥重要作用。由于植物性饲料中富含钾元素，因此在配合饲料中无须额外添加含钾饲料，但是饲料中必须经常补加氯和钠两种元素。食盐是配合饲料中最常添加的矿物质原料，但要根据动物种类及不同生产阶段来确定添加量。在正常情况下畜禽可以通过肾调节氯和钠的排出，过量时也不会出现中毒。但当日粮中食盐过多，且畜禽饮水受限制或者肾功能异常时，就会出现中毒症状。碳酸氢钠经常作为反刍动物饲料中的补钠化合物，在高产奶牛中补加碳酸氢钠，即可以补充钠元素，又可以调节瘤胃的 pH，维护瘤胃内微生物的正常活动。

3. 镁源饲料 镁是动物骨骼和牙齿的重要组成之一，动物体内大约有 0.05％的镁，其中 70％左右的镁以磷酸盐或碳酸盐形式存在于骨骼中。镁是畜禽体内参与造骨过程和肌肉收缩时不可缺少的因子，是畜禽体内多种酶（如磷酸酶、氧化酶、肽酶等）的激活剂，对畜禽体内的物质代谢和神经功能起着极其重要的作用。若畜禽机体缺镁，会导致物质代谢和神经功能紊乱，影响畜禽生长发育，甚至导致死亡。

用于饲料的镁源主要有氯化镁、硫酸镁、碳酸镁和氧化镁。非反刍动物镁需要量较低，一般为全饲料的 0.04％～0.06％；反刍动物镁需要量较高，一般为全饲料的 0.2％左右。生产、使用含镁饲料添加剂时，一定要混合均匀，以防动物镁中毒。

（二）微量矿物质饲料

微量元素是动物生存必需的营养素，在动物体内及饲料中含量虽少，但对于畜禽、水产生物的生长发育和健康却关系重大。微量元素如铁、铜、锰、锌、硒等都是以添加剂预混料的形式添加使用的。构成微量元素添加剂的原料，不是铁、铜、锰等单质元素，而是含有某种微量元素的化合物，例如硫酸亚铁、硫酸铜等。

到目前为止，微量元素营养经历了无机盐、简单有机微量元素化合物、微量元素氨基酸螯合物和缓释微量元素四个发展阶段。与无机盐、简单有机微量元素相比，微量元素氨基酸螯合物更容易被机体吸收利用，具有更高的生物利用率，并且在防治疾病、抗应激、提高养分利用率和改善畜禽的繁殖性能方面有着特殊作用，只是价格较贵，使用受到了限制。缓释微量元素效果好、用量少、成本低，这将是微量元素添加剂的一个重要发展方向。

在饲料中应用这些微量元素添加剂时应注意其化合物及其活性成分（微量元素）含量及作用，了解动物对该微量元素添加剂的可利用性，以及产品的规格，同时应注意该饲料及微量元素化合物的含杂物质，重点对重金属等有害元素指标要有明确规定，不仅是为了动物的健康，更重要的也是为了保障动物产品及环境安全。高剂量微量元素添加导致的环境污染、资源浪费问题，以及在动物产品中的残留降低了畜产品的可食性和安全性问题逐渐引起了人们的关注，长期添加也会造成动物慢性中毒和引起营养缺乏。此外，硒、碘等添加剂在饲料加工过程中可能对饲料生产者造成危害，应注意防护，安全使用。

四、添加剂饲料

饲料添加剂是指在饲料生产加工、使用过程中添加的少量或微量物质，在饲料中用量很少但作用显著。饲料添加剂是现代饲料工业必然使用的原料，在强化基础饲料营养价值，提高动物生产性能，保证动物健康，节省饲料成本，改善畜产品品质等方面有明显的效果。饲料添加剂分为营养性添加剂和非营养性添加剂，营养性添加剂包括氨基酸添加剂、维生素添加剂和微量元素添加剂（微量矿物质饲料），非营养性添加剂包括酶制剂、微生物饲料添加剂、中草药添加剂等。

（一）营养性添加剂

1. 维生素类　维生素类添加剂在选择时主要关注其稳定性。一般来说，维生素不稳定，必须远离热、氧、金属离子和紫外线。在配合饲料中通常添加抗氧化剂，以保护维生素不被破坏。

脂溶性维生素包括维生素 A、维生素 D、维生素 E 和维生素 K。除视黄酸外，维生素 A 自然存在的所有形式（视黄醇、视黄醛和 β-胡萝卜素）都不稳定，对紫外线、热、氧、酸和金属离子敏感。饲料中添加的维生素 A 乙酸酯、棕榈酸酯相对较为稳定。自然存在的维生素 E（以生育酚为主）在多不饱和脂肪酸和金属离子催化下，很容易被过氧化物和氧气氧化破坏，合成的酯化形式如乙酸酯和棕榈酸酯的稳定性较好，是日粮配方的首选。维生素 D 的有效形式是维生素 D_2（麦角钙化醇）和维生素 D_3（胆钙化醇），家禽只能利用维生素 D_3。饲料中添加的维生素 K 主要是以亚硫酸氢钠甲萘醌的形式添加。

水溶性维生素的稳定性相对较好，但也有部分维生素对光、热等物理、化学因子敏感。如核黄素对光、热和金属离子敏感，吡哆醛对光、热敏感，生物素对氧、碱性条件敏感，泛酸对光、氧和碱性条件敏感，维生素 B_1（硫胺素）对热、氧、酸性和碱性条件、金属离子敏感。在传统的饲料配制时一般使用这些维生素的更加稳定的化合物形式，如硫酸硫胺素、磷酸吡哆醛等。氯化胆碱非常容易受潮，暴露在空气中容易吸收水分，尤其是在空气湿度大的环境中，很容易出现吸潮结块现象，酒石酸胆碱不易吸水，常用来作为饲料中胆碱的添加形式。

2. 氨基酸类　氨基酸类添加剂是在饲料中用来平衡或补足某种特定生产目的所要求的营养性物质。在饲料中常添加的氨基酸添加剂主要有赖氨酸、蛋氨酸、精氨酸、苏氨酸和色氨酸添加剂。

氨基酸是构成蛋白质的基本单位，蛋白质营养的核心是氨基酸之间的平衡。天然饲料的氨基酸几乎都不平衡，含量差异很大，各不相同，虽然配合饲料尽量根据氨基酸平衡的原则配料，但由于不同种类、不同配比天然饲料中各种氨基酸含量和氨基酸之间的比例不同，需要添加氨基酸添加剂来平衡或补足某种特定生产目的所要求的需要量。

日粮配制时添加氨基酸要符合氨基酸平衡理论，如果日粮中氨基酸的比例不合理，特别是某一种氨基酸的浓度过高，则影响其他氨基酸的吸收和利用，降低整体氨基酸的利用率。日粮中常添加的必需氨基酸，主要是第一和第二限制性氨基酸，动物对氨基酸的利用特性是只有第一限制性氨基酸得到满足，第二或其他限制性氨基酸才能得到很好的利用，因此在饲料中应用氨基酸添加剂，应首先考虑第一限制性氨基酸，同时兼顾一些饲料原料中某种氨基酸的缺乏。猪的第一限制性氨基酸为赖氨酸，第二限制性氨基酸为蛋氨酸；鸡等禽类以及皮毛动物的第一限制性氨基酸为蛋氨酸，第二限制性氨基酸为赖氨酸。因此在应用氨基酸添加剂时，应根据畜禽的种类，综合平衡考虑，否则可能适得其反，影响动物生产性能，并造成浪费。

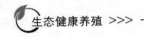

（二）非营养性添加剂

1. 酶制剂　用酶制剂是为了提高动物对饲料的消化率、利用率或改善动物生产性能而加入饲料中的酶类物质。酶制剂的作用是在消化过程中帮助释放更多的饲料营养素，从而减少未被消化的营养素和饲料成分排到环境中，有助于减少环境污染。

目前可以在饲料中添加的酶制剂包括淀粉酶、α-半乳糖苷酶、纤维素酶、β-葡聚糖酶、葡萄糖氧化酶、脂肪酶、麦芽糖酶、甘露聚糖酶、果胶酶、植酸酶、蛋白酶、角蛋白酶、木聚糖酶等。由于饲料原料结构的复杂性，饲料工业生产中更多使用的是复合酶制剂，即含2种或2种以上单酶的复合酶产品。

酶制剂本身是一类蛋白质，影响蛋白质的任何因素都会影响酶制剂的活性。酶制剂的活性随温度的升高而增加，但当温度高到一定程度时，又使酶变性而丧失活性。一般酶活性的最适温度为30～45℃，超过60℃时酶会变性，丧失活性。pH对酶活性也有影响，在其他条件不变时，酶在一定的pH范围内活性最高。一般酶活性的最适pH接近于中性（6.5～8.0）。但也有例外，如胃蛋白酶的最适pH为1.5。因此在饲料生产过程中一定要注意温度、酸碱性、重金属离子等因素对酶制剂的影响，以求达到酶制剂的最佳使用效果。

酶制剂的有效含量及标识单位有很大差别，商品型饲用酶制剂的种类很多，在选择酶制剂时一定要搞清楚其有效含量。使用酶制剂应考虑饲喂对象，通常单胃动物应用酶制剂效果明显，草食动物效果不明显。

2. 微生态制剂　微生态制剂是指含活菌和（或）死菌，包括其组分和产物的细菌制品，经口或经由其他黏膜途径投入，旨在改善黏膜表面微生物或酶的平衡，或者刺激特异性或非特异性免疫性机制。

饲用微生态制剂应用于畜牧生产中，可以有效提高畜牧生产的效率和产品的质量。主要有乳酸菌类、芽孢杆菌类、酵母菌、产酶益生素以及复合菌类等，对于复合菌类的饲用微生态制剂，主要用于发酵处理污水、垃圾、秸秆以及生物饲料。每一种饲用微生态制剂都有各自的特点，在应用中发挥的作用也不一样。所以正确认识每一种微生态制剂的功能和效用，根据实际情况选择具有针对性的微生态制剂，才能促使微生态制剂在畜牧生产中真正发挥作用。

微生态制剂作为一种新型的饲料添加剂，虽然在近10年来发展很快，但其使用效果存在明显的不稳定和不连续性，这主要是由于缺乏对动物正常及病态状态下肠道微生物菌群结构和特性的研究，对肠道微生物与宿主之间的相互作用方面研究得更少。只有更深入地研究肠道微生物在动物生长发育和保健中所起的作用，才能有的放矢，确保新型微生态制剂的高效、安全。故针对不同动物不同生产阶段的生理需要，研究生产繁殖性好、性能稳定、协同作用强的复合饲用微生态制剂及其最佳添加量是今后饲用微生态制剂的研究方向。

3. 中草药添加剂　中草药饲料添加剂是以中草药为原料制成的饲料添加剂，由于中药既是药物又是天然产物，含有多种有效成分，在饲料中添加主要作用是防病保健、提高动物生产性能、改善动物产品质量和改善饲料品质等方面。

我国应用中药作为饲料添加剂具有悠久的历史，早在2000多年前就开始用来促进动物生长、增重和防治疾病。西汉刘安著《淮南万毕术》载有"麻盐肥豚法"，说"取麻子三升，捣千余杵，煮为羹，以盐一升着中，和以糠三斛，饲豕即肥也。"东汉人畜通用中药专著《神农本草经》载有"桐叶饲猪，肥大三倍，且易养。"由此可见中药在原始农业阶段的养猪生产中亦有应用。

中草药成分复杂，一味中草药所含成分数十种甚至上百种，其成分还会因产地、气候、采收时间的不同而有所变化。到目前为止，人们对中草药的研究还很少有深入到药物作用机理、动物机体内的代谢转化等机制的研究。中草药来源于天然，又有悠久的应用历史，因此目前人们片面地认为中草药无毒、无副作用，对于中草药的毒副作用没有足够的重视。目前中草药添加剂多为粉剂、散剂等粗制品，在实际生产中用量偏大，不仅造成药材的浪费，同时大量的添加导致饲料适口性差，影响了畜禽的采食量，同时这种粗制品也不利于规模化的生产和推广使用。因此如何合理使用中草药，加强对中草药制剂的质量标准要求及理论研究，科学设计配方等都是今后中草药添加剂在饲料中应用需要解决的问题。

五、青粗饲料

青饲料、粗饲料是反刍动物的主要饲料。反刍动物的消化系统与单胃动物不同，进食时，反刍动物粗略咀嚼后咽下食物（主要是草木和小树枝），然后将食物重新返回口中细嚼一遍。因此，反刍动物的食物种类比其他种类的动物更丰富，食物组成结构也更复杂。

（一）青饲料

青饲料（也称青绿饲料、绿饲料），是指可以用作饲料的植物新鲜茎叶，富含叶绿素，主要包括天然牧草、栽培牧草、田间杂草、菜叶类、水生植物、嫩枝树叶等。青饲料的营养价值是随着植物的生长而变化的，通常认为，在植物生长的早期，青饲料的营养价值较高，但是产量较低；在植物的生长后期，虽然干物质产量增加，但由于纤维素含量增加、木质化程度提高，青饲料的整体营养价值下降。此外青饲料的不同品种、不同利用方法以及动物对青饲料的最佳利用时间都是不一样的，禾本科一般在孕穗期，豆科则在初花至盛花期。直接鲜喂适当提前，青贮利用和晒制干草可适当推迟。如果用来饲喂猪、兔可适当提前，饲喂牛、羊可适当推迟。

青饲料是家畜尤其是反刍动物的良好饲料，但单位重量的营养价值并不是很高，同时，由于不同畜禽的消化系统结构和消化生理存在差异，利用方法也有不同，因此，必须与其他饲料搭配利用才能达到最佳的利用效果。青饲料含水量高，不易久存，易腐烂变质，严重的可引起中毒。因此青饲料如果直接饲喂家畜家禽，一定要保证新鲜干净。对于刚施用过农药田地上的青饲料，为防止引起农药中毒，一般经15d后才能收割利用。青饲料特别是叶菜类饲料，若长时间堆放易发霉腐败，加热或煮后闷在锅里或缸里过夜等，在细菌作用下，青饲料中含有的硝酸盐容易被还原为亚硝酸盐而具有毒性。亚硝酸盐中毒发病很快，多在1d内死亡，严重者在半小时内就会死亡。有的青饲料，如玉米苗、高粱苗、南瓜蔓等含有氰苷，这些饲料经过堆放发酵或霜冻枯萎，在植物体内酶的作用下，氰苷被水解形成氢氰酸而有毒。

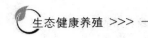

（二）粗饲料

粗饲料是指在饲料中天然水分含量在 60% 以下，干物质中粗纤维含量等于或高于 18%，并以风干物形式饲喂的饲料。粗饲料是世界上最丰富的饲料资源之一，来源广泛，种类繁多，包括多种类的干草、玉米秸秆、苜蓿、羊草、秕壳类等纤维性副产品。

粗饲料质量优劣程度对动物的生产性能和养殖业的经济成本都有很大影响，因此选择适宜的加工处理方式对粗饲料营养成分的含量有积极影响。生产中应根据粗饲料种类、性质、地区进行合理处理。采用物理处理法主要是通过机械的方式进行粉碎、揉碎和铡切来改变粗饲料的形态，通过此加工方法提高采食量，避免饲料的浪费。此外，对粗饲料进行热喷处理效果较为理想，其主要工艺是对原料进行预处理、蒸煮、喷放、烘干和粉碎，使原料中的木质素被破坏，来提高粗饲料的适口性和消化率。采用化学加工方法对秸秆进行氨化和碱化，提高秸秆的利用率。微生物加工方法是微生物（细菌或真菌）将粗纤维分解，破坏了植物细胞壁，产生糖和菌体蛋白，提高了饲料的利用率。最简便的方法是自然发酵法，可以很明显地提高粗饲料的适口性和消化率。目前，采用发酵技术处理粗饲料是较佳的方式。

六、青贮饲料

青贮饲料是将含水率为 65%～75% 的青饲料经切碎后，在密闭条件下通过厌氧乳酸菌的发酵作用，抑制各种杂菌的繁殖而得到的一种粗饲料。青贮饲料气味酸香、柔软多汁、适口性好、营养丰富、利于长期保存，是家畜优良饲料来源。常用青贮原料禾本科的有玉米、黑麦草、无芒雀麦，豆科的有苜蓿、三叶草、紫云英，其他根茎叶类有甘薯、南瓜、苋菜、水生植物等。

青贮饲料的发展，源于传统农业生产利用方式的缺点。我国北方农作物多是一季一熟，因此秋冬季节就会出现饲草料缺乏的现象，特别是鲜青饲草料。农民多数以干草饲喂，这种饲喂方式极大地降低了饲草的营养成分和适口性。通过青贮加工，做成的青贮饲料不但青鲜、适口，而且解决了秋冬饲草匮乏的困扰。此外在一些地区，收割后的农作物秸秆被废弃或焚烧，不仅造成资源浪费，同时又污染环境，在一定程度上影响了经济和社会的可持续发展。通过将秸秆粉碎进行青贮、氨化、揉丝微贮后饲养牲畜，既可以节省饲料成本，又可以使秸秆通过牲畜粪便实现过腹还田，促进农业良性循环。

青贮饲料是草食动物重要的饲料资源，其质量及安全性受青贮原料品质、加工运输、储存饲喂等多方面因素的影响。青贮原料含有的农药残留、真菌毒素等有害物质不仅危害动物本身，也会在动物体内富集，以畜产品形式进入人体，危害人类健康。青贮饲料在取料饲喂过程中，不可避免地发生不同程度的二次发酵，所引起的饲料腐败会引起动物不同程度的中毒，因此应根据家畜的种类、性别、年龄、生产性能及生产阶段的不同，将青贮饲料与粗饲料合理搭配饲喂，保障饲喂安全。

七、微生物饲料（发酵饲料）

发酵饲料是指在人工控制条件下，微生物通过自身的代谢活动，将植物性、动物性和矿物性物质中的抗营养因子分解或转化，变成养分更高且无毒害作用的饲料，更易于被牲畜采食、消化和吸收。

饲料经过发酵后蛋白质被分解为更易被动物体消化吸收的小分子活性肽、寡肽，纤维素、果胶被降解为单糖和寡糖，同时代谢产生的多种消化酶、氨基酸、维生素、抑菌物质、免疫增强因子以及其他一些菌体蛋白，作为营养物质被动物体吸收利用，显著提高饲料的营养水平和饲料利用率，从而提高动物体的各项生产指标。

发酵饲料目前没有形成统一的生产技术标准，发酵菌种来源复杂，大多数发酵饲料厂对微生物和发酵工艺了解甚少，生产发酵饲料的设备和专业人员都非常有限。很多发酵饲料生产厂家没有化验检测设备和专业人员，发酵菌种、发酵过程都没有检测手段，纯粹凭气味判定产品质量，产品质量不稳定，生产的产品很难符合卫生要求。

第三节　饲料加工

狭义的饲料加工通常是指将纸上配方表中的数据变成现实，生产可饲喂的实际饲料产品，并按照人的意愿对饲料特性进行改变的技术手段，即通过一定的设备对各种原料进行加工，按照适当的比例均匀混合为饲料，配制好饲料再加工成颗粒状或所要求的形状。现代的饲料加工除传统意义上的加工以外，还包括饲料生产的微生物发酵、挤压膨化、化学处理等技术及工艺，将饲料原料转化为营养平衡日粮的过程。环境可持续性是畜牧业发展的重要目标，也是生态健康养殖的基本要求，饲料加工过程应秉承绿色环保理念，从源头上保证饲料的安全健康。

一、生态养殖的日粮配制原则

(一) 原料选择原则

1. 卫生质量安全要求　从生态系统角度来理解，健康养殖生产必须是属于提供"绿色"产品的生产过程。饲料原料必须符合基本的卫生质量要求，即来自无污染、无有害物质残留的良好环保生态区，无发霉、变质、结块，无异味、异臭，有毒有害物质及微生物允许量应符合《饲料卫生标准》要求，不得含有任何对人体和环境有直接或间接危害的成分。禁止使用合成油脂、制药工业副产品等作为饲料原料。饲料添加剂应遵循《允许使用的饲料添加剂品种目录》中规定的以及国家农业部门新批准的品种。饲料添加剂质量符合标准，应用时应严格遵照产品标签规定的用法及用量正确使用。

2. 营养质量要求　营养质量方面的要求是健康养殖动物饲料首要考虑的问题。为了获得较大的经济效益，所用的饲料必须营养全面，能够满足养殖动物最大生长的营养物质需要。同时，健康养殖所使用的饲料必须兼顾经济效益和生态效益，必须考虑养殖生产过程对环境的影响。从营养学角度出发，兼顾营养学与生态效益要求，考虑饲料的蛋白源、蛋白质水平、能量蛋白比和磷水平的控制等因素，开发高能量、低污染的饲料。

3. 就地取材　饲料原料的选择及日粮的设计都应充分考虑当地饲料资源情况，因地制宜、因时制宜，尽可能发挥当地饲料资源的优势，以减少原料运输的安全及成本。例如我国南方地区盛产稻谷，缺乏玉米和大豆，一般的日粮为稻谷型，因此在设计日粮时充分

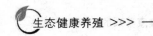

考虑稻谷型日粮营养特点，合理选择添加剂产品。

（二）日粮有效性原则

日粮配制有效性原则是指按照一定方法设计出来的饲料产品在畜禽饲养过程中必须有确实的实际效果。

1. 满足营养需要 不同动物种类和品种、不同生长阶段、不同生产性能和生产目的的养殖动物营养需要各不相同。在配制日粮时，要以饲养标准为依据，结合动物的种类和品种、饲养环境和条件以及生产性能等具体情况，进行科学调整，确定适宜的日粮营养标准。在日粮生产过程中根据该标准优化原料配比，满足动物对各种营养的需要，尽量减少某种或几种营养成分过剩，且日粮成本最低。

2. 饲料原料多样化 配制日粮做到多种饲料合理搭配，尽量选择多种饲料原料进行搭配，通过不同原料之间的营养物质互补作用，实现各种营养素的平衡，以提高各种营养物质的利用率和营养价值。

3. 技术指标先进性 日粮设计有科学的依据，运用现代科学技术成果和方法来设计和制作日粮，使主要的营养指标和卫生指标能够反映营养学和饲料学的新知识和研究成果，能够达到提高动物生产性能的效果，同时又符合国家和有关部门的饲料法规和质量标准。以理想蛋白质模式作为配方依据，合理添加适宜的酶制剂、尽量使用有机态微量元素等，实现成本最小化、收益最大化的日粮设计。

（三）日粮安全性原则

饲料安全性是指设计的日粮产品必须安全可靠，主要包括 3 个方面：

1. 保证对动物的安全 饲料生产使用的任何一种原料，都必须是国家允许使用的，禁止使用国家明文规定不能使用的添加剂，而且要杜绝使用霉变、失效或污染的饲料原料，控制饲料中有毒有害物质在安全限量范围内。针对饲料原料中所含的有毒有害物质或抗营养因子等，采用科学配伍其他原料达到脱毒或破坏抗营养因子的目的。例如在使用棉籽饼（粕）时，适当提高硫酸亚铁的添加量可以缓解游离棉酚对动物的毒性。所使用的添加剂产品在品种选择和剂量的使用上，不会造成动物的急性、亚急性或慢性中毒。

2. 保证畜产品食用安全 饲料产品中的药物、重金属及有毒有害物质在畜产品中的残留量应符合食品卫生标准，人食用畜产品后对健康无害。此外还要考虑饲料生产时饲料添加剂等原料不危害工人的健康。

3. 保证周围环境安全 饲料产品中使用的任何一种原料，包括添加剂产品，都应该考虑使用后对环境的影响，把对环境影响降低到最低程度。

（四）适口性原则

1. 饲料原料的适口性 饲料原料要有良好的适口性，忌用有刺激性异味、霉变或含有其他有害物质的原料配制日粮。如高粱含有单宁、菜籽饼含有硫苷等，添加比例过高会影响动物食欲，降低采食量。

2. 日粮的物理形状 根据不同动物的采食习惯不同，日粮加工时不仅要考虑饲料原料的粉碎粒度，同时更应该注意生产的颗粒饲料产品粒度是否有利于动物采食。对于粉料产品，对饲料原料的粉碎粒度要求适宜并保持基本一致，防止出现饲料分级，导致动物采食营养不均衡，甚至可能由于局部某种物质含量过高出现中毒现象。同时日粮的体积要尽量和动物的消化生理特点相适应，以猪为例，体积过大，猪虽已吃饱但摄入的营养物质少，不能满足需要；体积太小，则无饱感，猪会表现乱叫乱爬，特别是对于妊娠母猪，有造成流产的危险。

（五）相对稳定原则

对于同一农场或者养殖场来说，尽可能保持日粮配方和日粮物理形状的相对稳定。尤其是雏鸡和产蛋鸡对日粮的变化十分敏感，更要注意保持日粮的相对稳定，以免产生应激反应，降低生产性能。需要改变配合比例时，必须逐渐变换，给鸡一个适应的过程。

二、日粮配方设计

集约化、规模化的养殖生产需要为动物提供合理的日粮营养水平，因此日粮配方应以动物营养需要为基础，根据日粮配方原则进行科学设计。首先必须要了解所饲养动物的营养需要量、采食量，确定合理的日粮营养标准；其次是全面了解可能的饲料原料、原料的营养价值、原料的价格等条件，以确定原料的使用；最后计算出各种饲料原料的配合比例，使动物对养分的需要和各种饲料原料的养分供给量相匹配，在成本最经济的情况下达到精准饲喂。

饲料配制通常包括5个步骤：确定目标、确定需要量、选择饲料原料、配制日粮与评定日粮质量。饲料配制的第一步是确定目标，日粮配制的目标包括很多方面，不仅仅体现在获得最大经济效益或最佳的动物生产性能，也可以对环境的最小影响、特定动物产品的需要、动物福利等作为目标，生产者可以根据实际情况制定目标。饲料配制的第二步需要确定需要量，由于许多内部因素和外部因素（如基因型、年龄、性别、预期生产水平、自然环境、社会环境和经济状况）都会影响动物对养分的需要量，所以确定某一日粮的营养水平时必须综合考虑这些因素的影响。

（一）确定日粮营养水平

1. 灵活采用饲养标准　饲养标准是根据大量饲养实验结果和动物生产实践的经验总结，对各种特定动物所需要的各种营养物质的定额做出的规定，这种系统的营养定额及有关资料统称为饲养标准。饲养标准是营养学家对科学试验和生产实践的总结，为人们合理设计饲料提供了技术依据。世界上发达国家都有自己的动物营养需要标准结构，如美国国家研究委员会（NRC）、英国农业研究委员会（ARC）、法国动物营养平衡委员会（AEC）、澳大利亚联邦科学与工业研究组织（CSIRO）和日本饲养标准等。其中，NRC制定的《猪营养需要》是世界上影响最大的需要量标准，该标准自1944年第1版问世以来便不断修订和再版，至2012年已为第11版。

饲养标准中提供的营养指标有能量（代谢能、消化能、净能）、蛋白质（粗蛋白质、可消化粗蛋白质）、能量蛋白比、粗脂肪、粗纤维、钙、磷（有效磷、总磷）、各种氨基酸，各种微量矿物质元素和维生素等，这些营养指标的不足和过量对动物生产性能都会产生不良影响。一般情况下，育种公司推荐的营养需要量指标往往稍高些，而饲养标准只针对特定品种、特定饲养方式、特定饲料条件，是以采食量为基础制定的，其大部分营养需要量指标都是最低需要量。因此养殖场应根据饲养动物的品种、品系特点，并充分考虑饲养方式、饲料条件等情况，灵活采用饲养标准。

2. 科学调整日粮营养水平　因为饲养标准是根据养殖动物在特定条件下的营养需要基本指标和原则做出的规定，不能完全反映动物在不同饲养环境、管理水平等条件下的营养需要变化。因此实际生产中，养殖场应该根据养殖动物的体重、预期增重、预期动物产品产量、饲养环境温度等具体情况，通过对动物的能量需要量预估、蛋白质与氨基酸需要预估，科学调整日粮营养水平，以使日粮营养成分含量更加符合养殖动物的实际需要，达到精准饲喂。

（二）确定合适原料

根据被养殖动物的日粮配制原则和日粮营养标准水平合理选择饲料原料，并针对一些粗纤维含量高、含有毒有害物质、成本高的原料的设定限制比例。同时也要考虑库存原料价格，并对原料价格走势进行预测。

影响原料选择的主要因素一个是生物利用率，另一个是原料质量，生产高质量的饲料首先要使用高质量的原料。对谷物要求不结块、不发霉、没有昆虫、不含石块等，而且破损粒要少，因为破损的谷粒比完整的谷粒更容易滋生霉菌。由于不可能对每一种原料都进行详尽的化学分析，所以在日粮配制时经常使用原料的养分含量的参考数据，即饲料原料营养成分表中的数值。近红外光谱技术（NIRS）能够快速检测饲料中的粗蛋白质、粗脂肪、灰分等指标，在分析饲料营养成分中的应用越来越普遍，为原料的选择提供了有效的技术支持。

（三）设计日粮配方

配方的目的是使配制的日粮营养水平能满足有关动物的营养需要，有手工设计配方和计算机设计配方 2 种方法。手工设计配方首先要列出主要使用的能量和蛋白质饲料，并根据所需要的代谢能或者消化能及粗蛋白质含量计算每种原料的用量，然后计算其他主要营养物质如赖氨酸、蛋氨酸、微量元素等的含量，对主要原料的比例进行必要的调整。随着计算机的普及，手工设计日粮配方已经退出了历史的舞台。

采用计算机设计饲料配方，不仅大大提高计算效率，还可以全面考虑各项营养指标，又能顾及成本最低化。目前已经有很多商业化的配方软件供养殖业主选择，这些配方软件不仅内置营养标准数据库、原料数据库、原料养分数据库，在设计配方时，可以修改营养标准和原料养分含量，还可以添加饲料原料，使用操作简单。

三、生产加工

饲料的生产加工是很重要的工序，对于生产高质量饲料来说，如何按照配方准确生产出目标产品，饲料工序十分重要。饲料生产需要由经过培训的技术人员执行，在安全生产的前提下，能够针对饲料生产过程中出现的问题及时解决，保证饲料的质量安全，生产安全。

1. 粉碎　粉碎是饲料生产最基本的工艺组成，通过改变原料的物理性状而改善配合饲料的混合能力和均匀性，提高制粒质量和能量与营养物质消化率。为了使混合的日粮能够满足动物最佳生产性能的需要，通常对谷物或者某些蛋白质原料进行粉碎以降低原料粒度。饲料用锤片式粉碎机或者其他类型粉碎机粉碎，能够破坏谷物的硬核，原料粒度的降低增加了其与消化液接触的表面积，有助于提高动物对饲料的消化能力。此外，经过粉碎后的谷物更容易与蛋白质、维生素和矿物质添加剂等更加均匀地混合，防止动物在采食过程中出现挑食。如果生产颗粒饲料，则粉碎粒度会更小。

饲料粉碎粒度是动物营养研究最早也是研究最多的饲料加工工艺参数。饲料的粉碎粒度与粉碎机的类型、粉碎时间及粉碎次数有关，美国农业工程师学会（ASAE）专门制订了饲料粉碎粒度及粉碎颗粒分布均匀性、颗粒表面积计算等的标准方法（ASAE，2008）。有人对饲料的理想粒度展开了研究。Parsons 等（2006）将玉米粉碎成 $781\mu m$、$950\mu m$、$1\,042\mu m$、$1\,109\mu m$ 和 $2\,242\mu m$ 的 5 种粒度，混合到以大豆为基础的预混料中，制粒时在日粮中添加水和商用黏合剂，制成软、硬 2 种颗粒饲料，饲喂 3～6 周龄肉鸡，研究不同粉碎粒度对肉鸡的影响。结果发现，软、硬 2 种颗粒饲料的颗粒耐久性指数（分别为 90.4% 和 86.2%）和细度（分别为 44.5% 和 40.3%）均相似。增加玉米的粉碎粒度可以增加养分的存留量，但当粒度大于 $1\,042\mu m$ 时，肉鸡的生产性能和能量利用率都会下降。采食硬质饲料比软质饲料能增加肉鸡的营养留存量、能量利用率和后期的生产性能。动物对饲料能量及养分利用率随着原料粉碎粒度的减小而逐渐增加（Fastinger et al.，2003；Rojas et al.，2015）。小麦的粉碎粒度从 $920\mu m$ 降低到 $580\mu m$ 时可以增加淀粉在猪总肠道的表观消化率，但是对总能没有影响（Kim et al.，2005）。很多研究都表明减少饲料粉碎粒度可以增加淀粉、玉米酒精糟（DDGS）等原料的能量和养分的表观消化率，促进植酸的降解，但是对玉米或者玉米源 DDGS 中磷的消化率没有影响（Rojas et al.，2015）。降低粉碎粒度还可以提高猪的胴体屠宰率（Paulk et al.，2015；Rojas et al.，2016）。早期的研究发现饲料粉碎粒度降低会引起猪的胃溃疡等肠道疾病，但目前有研究发现玉米粉碎粒度由 $865\mu m$ 降低到 $339\mu m$ 时虽然影响育肥猪的食道消化，但并不影响其生长性能（Rojas et al.，2016）。但是生产颗粒饲料时谷物粉碎粒度不能小于 $1\,042\mu m$，并且要有合适的硬度。粉碎粒度不能太细，尽管细粉可以提高颗粒质量，但会显著增加能耗，同时在储存和喂料器中也会残留不易清理。

粉料比颗粒饲料对谷物的粉碎粒度要求更高。虽然粉碎能增加饲料在全肠道中与消化酶的接触面积，但是粉粹粒度大的时候能生产颗粒大小更加一致的饲料，并能提高采食粉料家禽的生产性能，这可能是由于当粒度近似时，动物从粉料中采食到的饲料原料更一致，而且较大粒度的饲料有利于肌胃的发育，发育健全的肌胃磨碎能力更强，从而使肠道运动和养分消化能力增强。

2. 混合　由于预混料占配合饲料的比例小，预混料中所用的各种添加剂必须用精密仪器称重，因此在配制预混料时要特别细心，防止错配。在混合之前要先与粉碎的谷物混合，至少用 5% 的谷物进行预混合，以确保预混料能均匀分布到饲料中。尽量对混合的各种饲料原料进行称重，有助于配合饲料中各部分组分以正确的比例添加到混合机中。有些饲料生产企业的混合设备是以体积而非重量为单位称量的，这种情况需要根据原料容重的变化不断对容器进行校准。

对于不需要制粒的粉状饲料，在饲喂前必须充分混合均匀，以保证动物采食到充足的营养素。不同混合机的最佳混合时间不尽相同，应该定期对混合机进行测试检测，确定最佳的混合时间。一般情况下，立式混合机在原料全部放入混合机之后混合 15min 即可，卧式混合机和滚筒式混合机所需的混合时间稍短，原料全部放入混合机后混合 5～10min。

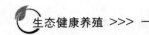

混合后的饲料如不进行制粒，应保存在干燥、清洁的容器中，以保证质量，防止受潮，避免昆虫、啮齿类动物损害。料仓应定期清理，防止陈料滞留。

3. 制粒　制粒工艺是将粉状原料制成颗粒的过程，制粒前的调质直接影响制粒的产量和品质。对于需要制粒的饲料，制粒前先进行调质，即先用蒸汽处理饲料，再将加热加湿的粉料传送到制粒机中进行制粒。在相同的饲料配方及加工参数条件下，不同调质时间及饲料形态（粉料和颗粒料）对保育猪的日增重和饲料转化效率没有影响，但粉料日粮比调质时间对增重耗料比的影响更为显著，说明饲料加工处理后会影响饲料的利用效率。在制粒的过程中，调质必须充分，保证有充分的水分供应，以保证粉料全部加湿。根据饲料组成的变化，获得良好制粒所用的最适含水量也不相同，一般是 15%～18.0% 的水分含量即可。饲料纤维含量越高，最适含水量也越高，反之亦然。对于禽类来说，不论是粉料还是颗粒料，均能很好地采食，因此制粒通常不太经济。但制粒的好处是颗粒容重增加，便于处理和储存。如果是在户外散养或半散养状态，颗粒饲料的损失较少。此外颗粒饲料能减少饲料成分分离，保证了饲料营养的均衡性。制粒可以避免饲料组分分级及动物挑食，同时具有流动性好、储存运输方便、杀灭细菌等特点。

制粒可以提高饲料转化效率 4%～12%（Lewis et al.，2015；Paulk et al.，2016），与粉料相比，颗粒饲料可以提高断乳仔猪的日增重，主要原因在于颗粒料可以减少畜禽采食饲料过程中的浪费，同时谷物饲料中的淀粉经加热糊化可以提高畜禽对饲料的消化率。与粉料相比，玉米-豆粕型日粮的干物质、氮和总能的消化率提高 5%～8%，在不同日粮类型及不同纤维水平（如 7%、11% 或 20% 中性洗涤纤维）条件下，制粒能够改善总能、干物质及大部分必需氨基酸的回肠表观消化率（Rojas et al.，2016）。因此，规模化养殖生产，通常采用颗粒饲料进行饲喂。

第四节　配合饲料产品质量控制

饲料质量主要包括营养质量、卫生质量和加工质量 3 个方面。影响配合饲料质量的因素很多，主要有日粮配方设计、饲料原料质量和饲料生产加工质量。配合饲料质量控制除科学设计日粮配方和规范使用添加剂外，从原料采购、原料储存到生产加工、产品成型及包装运输等各个环节都应加强管理，严格控制。

一、规范使用饲料添加剂

1. 执行饲料添加剂品种目录　根据《饲料添加剂品种目录（2013）》规定可以使用饲料添加剂品种，在饲料生产加工过程中，必须严格执行该目录。此外，国家农业部门不定期地对该目录产品进行增补或者剔除，使用者应时刻关注饲料添加剂品种目录的更新。

2. 执行饲料药物添加剂使用规范　瑞典在全面禁止饲用抗生素方面，并不是绝对不用抗生素，只是在预防和治疗时，根据兽医处方在饲料中使用必要的抗生素。兽医有权监督、检查和使用抗生素。所有的抗生素药物处理都要在兽医的监督下进行，兽医也可以准许技术人员进行诊断和用药，但必须按兽医处方购置所需药品。

无抗生素添加的饲料生产体系，禁止使用抗生素和激素作为饲料添加剂，代之以寡聚糖、酶制剂、益生菌等新型饲料添加剂，严格控制饲料的应用卫生与营养品质，鼓励生产和使用安全与环保型绿色饲料，确保动物产品品质从源头抓起。

从 2001 年农业部发布的《饲料药物添加剂使用规范》起，到目前为止，药物使用规范中的内容已经发生了很大的变化。除兽用原料不得直接加入饲料中使用外，在药物添加剂的品种、含量规格、适用范围及添加剂量等方面都有新的规定。饲料生产企业应时刻跟踪《饲料药物添加剂使用规范》的新规定，保证正确使用药物添加剂。

3. 禁止在饲料中添加违禁药物 根据饲料中违禁药物的实际问题，国家农业部门出台了一系列的公告，列出了饲料中禁止添加的药物：《禁止在饲料和动物饮水中使用的药物品种目录》，包括 5 类违禁药物添加剂；随着新的非法添加药物的出现，《禁止在饲料和动物饮水中使用的物质》，包括 11 种违禁药物；此外，《食品动物禁用的兽药和其他化合物清单》中所列的 18 类兽药及其他化合物。农业农村部 2019 年第 194 号公告明确规定，自 2020 年 7 月 1 日起，饲料生产企业停止生产含有促生长类药物饲料添加剂（中药类除外）的商品饲料。

我国饲料中主要违禁药物按照药物性质可分为 4 大类：肾上腺素受体激动剂（15种），性激素及具激素样作用物质（19 种），精神药品（21 种/类），抗生素及其他抑菌、杀虫、杀螨剂（23 种/类），共计 78 种/类违禁药物。关于违禁药物的公告和标准在不断地进行更新，因此饲料生产企业及养殖企业应及时了解公告内容，避免在生产中误用违禁药物。

二、原料采购质量控制

原料是饲料生产的基础，原料质量的优劣直接关系到配合饲料成品的质量。因此，加强原料采购管理，是保证高质量饲料成品的前提。

1. 规范采购原料 饲料生产企业应制订原料供应商选择、评价和再评价程序，对供应商的资质、供应能力、质量保障能力等进行科学评估，必要时对其生产设施、管理措施、运输方式进行实地考察，最好选择生产厂家或一级经销商。明确采购原料的通用名称、商品名称、产地、规格、数量，规定采购原料水分、容重、主要营养成分指标、安全卫生指标和验收程序、方法等内容，签订采购合同。

2. 严格验收原料 按照合同规定的规格指标、验收程序和方法，对采购的原料进行查验或检验，验收不合格的原料，应当拒收。

谷实类饲料验收主要对水分、容重、杂质、不完善粒、霉粒等外观指标进行现场检测，同时还要进行霉菌毒素的检查。糠麸类饲料检查水分、是否掺假、发霉等指标，除霉菌毒素外，其他指标均可以现场鉴定。蛋白质饲料验收检测水分、是否掺假、是否加热过度、蛋白质含量等，除蛋白质含量需采样送实验室检测，其他指标均可在现场完成。随着近红外光谱仪器的普及，很多饲料原料的大部分指标如水分、粗蛋白质、粗脂肪、灰分、粗纤维等都可以在现场快速检测完成。此外，对这些原料的卫生指标如微生物含量、霉菌毒素、重金属等指标均应该进行检测，以保证饲料原料的安全性。

油脂类饲料验收可以采取鼻闻、嘴尝的方法进行现场检验。优质的油脂带有香味或特殊的气味，没有异味，但放置过久或保存不当则发生变质并产生难闻的气味。变质的油脂通常带有酸、苦、辛辣等滋味或焦苦味。

饲料添加剂的验收更加严格，第一次进货时应查验原料名称、品牌、规格、产地、包装方式、包装完好程度、标签、生产日期、保质期等信息，并采样测定其有效成分和必要的卫生指标。在后续的进货过程中只要进行细致的感官鉴定和不定期抽查，虽然不需要每次都送检，但必须选择可靠的进货渠道、品牌，每次进货都要留样。

三、原料储存质量控制

原料储存过程中，由于温度、湿度、光照、微生物和动物活动以及储存不当而引发的物理反应、化学反应，造成养分损失、利用率下降，甚至产生有毒、有害物质等。因此，应选择在干燥、阴凉、通风良好的地方储存饲料，并加强储存管理，将损失降低到最低限度。

1. 原料储存管理通则　饲料厂均应建立原料储存管理制度，实行分类存放，实施进出库记录和垛位标识卡管理。原料进库要分类垛好及时登记，标明进库原料品种、数量、供货商、收货日期、有效期、接收人及验收人等信息。原料出库按照先进先出原则，顺序取料，并随时登记出库数量、出库日期及结存数量等，做到大宗原料进出库日清月结、添加剂进出库每班结算盘点。加强仓库温湿度的控制，做好降温、防潮、避光工作，保证原料库卫生清洁，防鼠、昆虫、鸟害等工作。对发现有异常的原料要及时进行质量检验，保证原料质量稳定。

2. 大宗原料储存管理　大宗原料用量大，饲料企业通常进货量多，需要专门存放。筒仓是常用的一种储存散料的仓库。筒仓很少受外界温度、湿度的影响，多用于流散性强而干燥的谷实类饲料原料储存。在进入筒仓储存之前，原料的水分含量一定要控制在14％以下，这样储存相对安全，在天气干燥晴朗时每周鼓风1~2次即可。如果入库的原料水分含量超过14％，则应尽早使用，并每天进行鼓风。在高温、高湿天气情况下，每天应该对筒仓的温度进行测定，如果料温升高，应该及时采取干燥处理。

箱装和袋装的大宗原料存放在库房中，库房应建有防潮层，并在地面上设有木质垫板，原料有序地垛放在垫板上。为了防止原料出现自热现象，在垛间、料垛和库墙间留有一定的空隙，保证通风良好，同时方便对垛放原料的检查。每天检查库温、垛心的温度，必要时进行通风降温。

油脂类的原料应该避光、避高温储存，储存容器必须密封。必要的时候要添加适量的抗氧化剂，防止油脂氧化酸败。

3. 添加剂储存管理　饲料添加剂容易受光、热、氧和水分影响，应当密闭式储存，存放于通风、阴凉、无阳光直射的库房，在保质期内使用。维生素添加剂、酶制剂预混料等的储存对温度有特殊要求，应该尽量保存在阴凉干燥的房间，必要时需要安装空调、除湿机等，并实时监控库房的温湿度。亚硒酸钠等有毒的物质应按危险化学品进行管理，并储存在独立的房间，实施双人双锁，储存间设有清晰的警示标志。

四、饲料加工质量控制

配合饲料的加工是保证饲料产品质量和品质的关键因素，采用先进的生产设备和良好的加工工艺，不仅可以节省人力、物力成本，同时产品的质量也有保障。生产中严格按照饲料配方要求计量配料，监控生产过程中各个工艺环节的质量，保证整个加工过程的正常进行，是配合饲料生产过程质量控制的重点。

（一）原料清理的质量控制

饲料原料清理的作用在于保证加工设备的正常运转。清理主要是将原料中的大杂质及铁磁性杂质去掉，确保清除掉土块、石块、破碎玉米棒、木片等杂质，此外，主原料和副料都应进行清杂除铁处理，有机物杂质不得超过 50mg/kg，直径不大于 10mm；磁性杂质不得超过 50mg/kg，直径不大于 2mm。为了确保安全，在投料坑上应配置条距 30～40mm 的栅筛以清除杂质。在饲料原料粉碎或粉料制粒之前，还应进行去杂除铁工序，以保证粉碎机和制粒机的安全。此外，要定期检查清选设备和磁选设备的工作状况，看有无破损及堵孔等情况，定期清理各种机械设备的残留料，保证原料清洁干净。

（二）原料粉碎的质量控制

在原料粉碎环节，质量管理主要是控制粉碎粒度和粉碎均匀性。饲料颗粒过大或过小都会导致饲料分层现象的发生，从而破坏饲料产品的均匀性。每种畜禽都有一个合适的饲料粒度范围，如仔猪、生长育肥猪配合饲料以及肉用仔鸡前期配合饲料、产蛋后备鸡（前期）配合饲料 99％通过 2.8mm 编织筛，不得有整粒谷物，并且 1.4mm 编织筛的筛上物含量不大于 15％。根据不同畜禽种类及生长阶段的配合饲料和工艺参数，正确选择筛片型号，按照设备使用说明，严格把握好进料速度，防止粉碎机堵塞而导致粉碎粒度变异大。粉碎机的操作人员应注意观察粉碎机的粉碎能力和粉碎机排出的物流粒度，经常抽查粉碎粒度，如发现过粗或过细，应及时检测筛片有无破损、漏缝和粉碎机锤片是否磨损过度等，并及时维修，以保证粉碎粒度均匀、合格。粉碎机粉碎能力异常（粉碎机电流过小）可能是粉碎机筛网已被打漏，物料粒度过大，若发现有整粒谷物或粒度过粗现象，应及时停机检查粉碎机筛网有无漏洞或筛网错位与其侧挡板间形成漏缝。经常检查粉碎机有无发热现象，如有发热现象，应及时排除可能发生的粉碎机堵料现象，观察粉碎机电流是否过载。正常运行的饲料加工设备，也应定期检查粉碎机锤片是否磨损，每班检查筛网有无漏洞、漏缝和错位等。

（三）配料的质量控制

科学的配方是通过精确的计量和合理的配料工艺来实现的。在配料环节，配料精度决定了饲养产品营养成分含量是否达到配方设计的要求，直接影响饲料产品的质量，进而影响饲料生产成本、饲用安全及动物的生产性能。因此配料的质量管理主要是控制配料的准确性，配料控制是饲料厂控制的核心内容。

1. 原料计量配料　按照配合饲料生产的工艺要求，目前主要有两种计量配料方式，未粉碎原料计量配料和粉碎原料计量配料。未粉碎原料计量配料是在原料未进行粉碎以前，按照配方要求进行计量配合，然后再对已计量配好的原料进行粉碎、混合和制粒等操作。这种工艺虽然粉碎较方便，但生产的配合饲料产品与配方之间的误差较大，尤其是原料水分含量越高，粉碎后失重越多，不仅影响其本身在配方中的绝对比例，也影响整个配合比例和其他原料的相对比例。因此通常在饲料配方设计时增加饲料计量的保险系数，根据原料的特点及质量不同，一般加工过程的损失可按 5％～10％考虑。粉碎原料计量配料，是先将原料按统一规格分别粉碎再分别储存，然后按照配方要求用已粉碎原料计量配合，配合好后直接进行混合、制粒等工序。该工序误差相对较小，中大规模的配合饲料生产一般都用这种方式生产，计量比较准确，配料误差比较小，按配方要求计量配合，容易达到配方要求的营养质量。

饲料生产中各种原料的比例差异较大，不同原料的配料误差也不相同，在配料过程中，配料秤的选择十分重要。大中型饲料厂采用计算机自动配料控制技术及多仓数秤配料工艺，按照配料比例分组，不同组别选用不同量程的配料秤。例如，大比例原料用大量程的配料秤，小比例原料用小量程的配料秤，对于微量组分可以采用人工称量添加等，确保配料准确。

2. 微量组分的计量　微量组分主要包括维生素、微量元素、非营养性添加剂、钙、磷元素和食盐等，由于这些组分的添加量小，配合计量复杂、易出错，必要时可以采用人工称量一次的混合量，按性质不同分别称量后再集中混合添加的方法进行配料。例如把所有的微量组分分为两部分，即矿物质饲料和其他微量组分，包括氨基酸、维生素等；或者分为维生素类、矿物盐类（即微量元素、钙、磷和食盐等）和非营养性添加剂三部分。准备好后每混合一批都按照要求加入已准备好的微量成分并做好记录。为了减少微量成分的损失，矿物元素部分最后加入混合机内，其他微量成分不要与矿物元素同时加入，最好用能量饲料或蛋白质饲料隔开加入混合机内，配合饲料的预混料部分都加入混合机内后，再开机混合。

3. 混合的质量控制　饲料的混合质量控制与混合过程的正确操作密切相关，选择合适的混合工艺、正确的原料添加顺序、混合时间和交叉污染的控制等都是决定混合质量的主要因素。

近年来混合机发展较快，机型完善，饲料工业中使用的混合机类型很多，有分批混合机、连续混合机，在原料混合方面还有喷射气流混合、振动及超声波等混合方式。饲料工业中常用的分批式混合机有卧式螺旋带单、双轴混合机，卧式桨叶式单、双轴混合机，立式锥形行星式双螺旋绞龙混合机和整体回转型 V 形混合机。连续式混合机为卧式单轴桨叶式混合机。饲料厂可以根据生产需要以混合均匀度、混合时间、残留量等指标为参考，选择适合的混合机。一般是螺旋带混合机使用较多，这种机型生产效率较高，卸料速度快；锥形行星混合机设备性能好，物料残留量少，混合均匀度较高，并可添加油脂等液体原料，也是一种较为适用的预混合设备。

原料的添加顺序一般按照先大量、后小量的原则进行投料作业。酶制剂、维生素和微量元素等原料或添加剂的添加顺序会影响整批饲料的混合效果，同时应该注意维生素和微量元素预混合时可能发生原料之间的反应等。生产配方中添加比例小于 0.2% 的原料需要进行预混合。在添加油脂等液体原料时，要从混合机上部的喷嘴喷洒，尽可能以雾状喷入，以防止饲料成团或形成小球。在液体原料添加前，所有的干原料一定要混合均匀，并相应延长混合时间。最佳混合时间取决于混合机的类型和原料的性质，混合时间不够，则混合不均匀，时间过长会因过度混合而造成分离，一般混合机生产厂家提供了合理的混合时间。混合均匀度和最佳混合时间要定期检查，时间过长过短都会影响物料混合的均匀度，并且要及时调整螺带与底壳的间隙，定期保养维修混合机，消除漏料现象，清理残留物料。

混合机中的交叉污染是指混合机结构原因和生产品种的不同，混合机内部会有一定量的残留料，如果清理不干净可能会混入下一批饲料。因此当更换配方时，必须对混合机彻底清理，防止交叉污染。对于清理出的加药性饲料通常是深埋或烧毁，吸尘器回收料不得直接送入混合机，待化验成分后再做处理。预混合作业与主混合作业要分开，以免交叉污染，应尽量减少成品的输送距离，防止饲料分级。

4. 制粒加工质量控制　制粒工艺是将粉状原料制成颗粒的过程，制粒前的调质直接影响制粒的产量和品质。混合后的粉状饲料经过制粒后，饲料的营养及食用品质等各方面都得到改善。制粒的工艺条件是根据饲料配方中主要原料的理化特性和制粒性能制订的，包括物料的调质情况，即蒸汽压力、温度、水分及调质时间等。调质是制粒过程中最重要的环节，调质的好坏直接决定了颗粒饲料的质量。调质促进了淀粉的糊化、蛋白质变性等原料理化性质的改变，既提高了饲料的营养价值，又改良了物料的制粒性能，从而改进了颗粒产品的加工质量。制粒工艺包括冷压制粒和蒸汽热压制粒，对于乳猪和仔猪饲料而言以热压制粒为好，热压制粒所要求的技术工艺更加复杂，不仅要求合适的机械设备，还要求适宜的蒸汽质量，即蒸汽、饲料和机械三者之间适宜的相互作用，才能压制出高质量的热压颗粒。控制适宜的蒸汽压力、调质器内温度、调质时间和制粒速度才能获得高质量颗粒饲料。刚出压模的颗粒为高温、高湿的可塑体，容易变形、破碎，应立即进行干燥冷却，降低温度、水分含量，使其硬化，便于储存和运输。

制粒过程中要注意对制粒设备进行检查和维护，生产中每一班次都应对制粒机上的磁选装置进行清理，检查压模、压辊的磨损情况，分级筛筛面是否有破损、堵塞和黏结现象以及冷却器是否有积料等。定期检查蒸汽供应情况和疏水器工作情况，以保证进入调质器的蒸汽质量。控制蒸汽的压力及蒸汽中的冷凝水含量，调质后饲料的水分含量在16％～18％，温度在68～82℃，并将压辊调到当压模低速旋转时，压辊只碰得到压模的高点位置，这可使相互间的接触面积减到最小，减少磨损。经常观察冷却器的冷却效率。

5. 饲料包装与储存质量管理　科学的包装和储存方法不仅可以减少数量的损失，更重要的是可以避免饲料出现霉变和营养损失，从而提高饲料的利用价值和饲料企业的经济效益。成品饲料必须按照所需的质量装入规定的袋中，工作人员事先检查包装秤的工作是否正常，其设定重量应与包装要求重量一致，将误差控制在1％～2％，并检查被包装的饲料和包装袋及饲料标签是否正确无误。打包人员要随时注意饲料的外观，发现异常情况应及时处理，保证缝包质量，不能漏缝和掉线。

企业应建立产品仓储管理制度，填写并保存出入库记录。仓储管理制度应规定库位规划、垛位标志、库房盘点、环境要求、虫鼠防范、库房安全、出入库记录等内容，不同产品垛位之间保持一定的距离，不合格产品和过期产品的存放及标志等，均应有严格的管理制度。饲料存储不当容易造成饲料营养成分的损失，如受到高温、光、氧等影响，可加速饲料的氧化，使维生素、脂肪氧化分解，因此饲料应置于遮光、阴凉、通风、干燥处。成品饲料不易储存时间过长，否则会造成某些物质失效或产生有毒有害物质。生产出来的饲料产品应储存在成品库中，库房应建有防潮层，并在地面上设有木质垫板，饲料产品有序地垛放在垫板上。注意垛位之间留有缝隙，保证通风良好。成品库设有垛位卡，注明饲料产品名称、生产时间及批次。生产的配合饲料产品大部分是谷物，表面积大，孔隙小，导热性差，容易吸潮发霉，特别是以玉米为基础日粮的配合饲料，玉米中含有大量的不饱和脂肪酸，粉碎后极易氧化酸败。维生素部分也会因为高温、光照、潮湿、氧化而造成效价降低。因此，全价配合饲料应尽可能生产后及时使用。在规定的安全水分条件下，一般储存时间是夏季不超过 10d，冬季不超过 25d。

第五节　饲料产品品质检验

健康的饲料生产体系，除了对生产过程进行控制外，必须对饲料产品的质量进行监督，确保生产的饲料产品合格、优质。饲料原料质量的好坏直接影响饲养效果和经济效益，特别是在集约化饲养的条件下，畜禽的营养几乎全部来自配合饲料，饲料质量稍有变化，即可产生显著的影响。加强对饲料原料的质量控制是从源头上保证饲料产品的质量。饲料原料的质量可以通过一系列的理化指标加以反映，主要包括一般性状及感官鉴定，有效成分检测分析，杂质、异物、有毒有害物质的有无等。饲料产品的品质检验包括一般性状、营养品质、卫生指标和加工质量指标。一般性状的检测：饲料外观、气味、温度、湿度、杂质和无损等，是一种粗糙而原始的检测手段。有效成分分析：概略养分分析、矿物质、饲料添加剂。有毒有害物质的检测：霉菌毒素、农药残留、原料自身的有毒物质（棉酚等）、重金属及大气污染物，以及某些营养性添加剂如铜、锌、硒等的过量添加。对这些指标的分析与检测方法主要有化学测定法、物理测定法和生物测定法，一般都有明确的国家、行业、地方甚至国际标准方法进行检测。各类饲料及原料的规格质量及对质量的要求是健康饲料生产体系科学选择原料并保证配合饲料质量的前提，根据这些质量要求制定出统一的质量标准，有利于健康养殖的发展。

产品质量控制是企业为生产合格产品和提供顾客满意的服务以及减少无效劳动而进行的控制工作，目标是确保产品的质量能满足顾客、法律法规等方面所提出的质量要求。饲料企业的产品质量控制，围绕饲料产品质量形成全过程的各个环节，对影响饲料产品质量的各种因素进行控制，并对质量控制的成果进行分阶段的验证，以便及时发现问题，采取相应措施，防止不合格重复发生，尽可能地减少损失。因此质量控制应以预防为主与检验把关相结合为原则，通常饲料企业产品质量控制通过出厂产品检验、产品定期抽查、型式检验和留样观察等方式，保证产品质量。本章仅针对出厂检验和定期抽查进行简单介绍。

（一）出厂产品的检验

国务院发布的《饲料和饲料添加剂管理条例》第十九条规定：饲料生产企业应当对生产的饲料进行产品质量检验；检验合格的，应当附具产品质量检验合格证。未经产品质量检验、检验不合格或者未附具产品质量检验合格证的，不得出厂销售。

1. 产品出厂检验制度　饲料企业为了确保本企业所生产的产品符合相关标准要求，根据《中华人民共和国产品质量法》《饲料和饲料添加剂管理条例》等相关法律法规的规定，结合企业实际，制定适合本企业的产品出厂检验制度。目的是对最终产品的质量特性进行检验，以确保未经检验的产品和不合格的产品不出厂销售。

产品出厂检验制度内容应规定对出厂产品进行检查和验证工作的部门及责任人，检验员的资质、职责及检验工作细则，样品的抽取与检验，检验试剂的使用与管理，检验方法的查询与验证，检验环境的控制，检验记录的管理，检验结果的判定，检验报告的编制以及产品质量合格证的签发等做出规定。根据检验结果及时发现生产过程中存在的问题，并分析原因，对违反规定的操作应及时进行制止，有权要求其返工，并向企业负责人反映问题。对不合格产品的追踪和处理工作予以明确规定。

2. 确定产品组批 在保证产品质量的前提下，企业可以根据产品的生产工艺在企业标准和检验管理制度中规定来自行确定产品的组批。根据配方和原料、工艺与设备、生产周期或日期、班次或混合单元等的变化或不同，对不同的产品确定出厂检验的组批数量。同一配方、同一工艺、连续生产的产品，可以按照一个生产周期或一定的产量确定为一个批次；以最小生产单元来确定配料或混合的产品，可以按照最小生产单元确定为一个批次；也可以同一生产日期生产的产品确定为一个批次。在实验室及检验人员条件允许的条件下，鼓励企业缩小组批单元，增加批次采样，批次越多，出厂检验的频次越高，对产品的质量监督越有保证。

3. 出厂检验项目 饲料企业产品出厂检验的项目，目前国家和行业管理部门并没有统一规定，企业可以参照产品相应的国家标准和行业标准或者根据同行的企业标准等业内同行的做法自行确定。出厂检验项目确定的原则，既要考虑能在短时间内完成的检验项目，又能考虑到该产品的主要成分指标。通常配合饲料的出厂检验项目以感官性状、水分、粗蛋白质、粗灰分、钙、磷等指标偏多。根据不同产品出厂检验的指标侧重点不同，重点是能够反映该产品在生产加工过程中保持其固有的产品质量，又能有代表性的指标来选择。

4. 出厂产品合格判定依据 出厂产品是否合格的判定依据，是根据出厂检验项目是否合格来判定。而出厂检验项目的合格判定依据应该按照企业所执行的产品质量标准进行判定。凡是在产品质量标准中规定了允许误差的，检测结果的指标数值应该按照该项目所对应的允许误差进行判定。允许误差可以参照《饲料检测结果标准判定的允许误差》（GB/T 18823），企业也可以自行规定检测结果判定的允许误差。没有在产品质量标准中规定允许误差的，产品检验项目是否合格应该以产品质量标准汇总规定的出厂检验项目和指标数值进行判定，而不需要考虑允许误差。根据出厂检验项目及检测结果，其中有一项指标不合格，即判定该批次产品不合格。如果在产品质量标准中有规定，当出厂检验项目中有一项不合格时，可以从同一批次产品中双倍量或多倍量的包装中重新抽取样品进行检验的，可以按照产品质量标准规定，重新抽样进行检验，再根据检验结果进行判定。

5. 产品出厂检验注意事项 产品的出厂检验工作应由本企业的检验化验员在本企业的实验室内进行，不得实施委托检验。按照产品的质量标准，对规定的出厂检验项目实施逐批检验，并且应该按照产品质量标准中规定的检验方法进行检验。如果为了保证产品出厂检验在短时间内快速简便完成，采用快速方法进行检验，则在产品质量标准中应增加对该快速方法的规定。例如，配合饲料中粗蛋白质含量的检测通常采用《饲料中粗蛋白的测定 凯氏定氮法》（GB/T 6432—2018）方法中规定的凯氏定氮法，但是目前近红外光谱法在饲料常规成分分析中广泛应用，并且具有快速简便的特点。如果企业计划采用近红外方法，将《饲料中水分、粗蛋白质、粗纤维、粗脂肪、赖氨酸、蛋氨酸快速测定 近红外光谱法》（GB/T 18868）的检验结果作为出厂检验的判定依据，则在产品质量标准中应引用该标准。但是在标准中同时应规定（GB/T 6432—2018）作为仲裁法，否则不能把近红外光谱法的检测结果作为出厂检验的依据。

产品出厂检验依据检验方法的规定进行检验时，一般要求称取 2 个平行样品进行同时测定，测定结果取算术平均值，并计算检测标准偏差。检测标准偏差应该在方法规定的允许范围内，否则应重新检测。符合检测标准偏差要求的检测结果，才能进行合格判定。出厂产品的检验记录的信息完整，包括产品名称或编号、检验项目及方法、检验结果、检验人等信息，出厂检验记录的保存期限不得少于 2 年。

（二）产品定期检验制度

除了生产时抽取样品进行检验外，企业应当定期对成品饲料的主要指标进行检测：维生素预混合饲料，2 种以上维生素；微量元素预混合饲料，2 种以上微量元素；复合预混合饲料，2 种以上维生素和 2 种以上微量元素；浓缩饲料、配合饲料、精饲料补充料，粗蛋白质、粗灰分、钙、总磷。

1. 主成分指标的确定 制定产品定期检验制度的时候，饲料生产企业可以根据产品的特点、主成分指标的特性等进行自行确定。产品的主成分主要是指产品的营养成分或有效成分，这是产品质量标准要求中的技术指标内容，通常这些内容在检验上又被称为检验项目。例如维生素预混合饲料，维生素 A、维生素 D_3、维生素 E、维生素 K_3、维生素 B_1、维生素 B_2、泛酸钙、烟酰胺、维生素 C 等，就是维生素预混合饲料的主成分指标。而一些组分在产品配方中的比例低于检测方法的定量限，就无法在产品质量指标中规定具体的数值，如配合饲料中某些维生素指标、预混合饲料中维生素 C 等；还有一些只是起到了辅助或载体及稀释剂作用的组分，也不需要在产品质量标准中规定具体的数值，例如二氧化硅用作载体、乙氧基喹啉用于产品本身的抗氧化等。这些指标不属于主成分指标。

2. 主成分指标的轮换检测 企业可以对产品的定期检验主成分指标进行轮换检测。所谓的轮换检测是指在一定时期内检测某 2 种主成分指标，然后相隔一段时间后再检测另外 2 种主成分指标。例如，对于矿物元素预混合饲料，第 1 年检测铁和锌，第 2 年检测锰和铜，第 3 年检测硒和碘。同理，第 1 年检测鸡用矿物质预混合饲料，第 2 年检测猪用矿物质预混合饲料。维生素预混合饲料、复合预混合饲料、精饲料补充料等均可以采用此方法进行轮换检测。经过几年的时间，就以把企业所有产品的所有种类的所有主成分指标检测一遍，然后再开始新一轮的轮换检测。通过这样的轮换检测，达到了对本企业所有产品的监督抽查作用，也是对企业内部的质量体系的全面考核，真正达到质量体系控制的目的。

3. 定期检验的时间间隔 企业可以根据所生产的产品种类、产量及产品特性等来制定定期检验的时间间隔。一般以每天抽取当天生产的一批或几批产品进行检验较好，保证每周检验不少于 5 批。这种抽检的好处是一旦出现产品检验不合格，就可以不签发产品质量合格证，从而保证不合格的产品不会出厂。否则如果到第 5 天再抽检前 4d 的产品，一旦出现不合格指标，可能有的产品已经出厂，就需要召回不合格的产品。这样虽然保证了产品的质量，但是召回造成的损失远远大于每天检验 1 批或者几批、每周检验 5 批的成本。同时由于产品的召回，对客户也会带来不良影响，降低了客户对该产品的信任度，社会效益降低。

4. 产品定期检验的注意事项　产品的定期检验与产品的出厂检验一样，应该由企业的饲料检验化验员在本企业的实验室内进行，不得实施委托检验。企业结合生产产品的实际情况，制订年度、季度或月的产品定期检验计划，并按照计划实施产品的定期检验。如果产品的出厂检验已经满足了定期检验项目的要求，则可以不用再进行定期检验。对于生产产品单一的饲料企业，如果1周内一直生产同一个产品，同样需要抽取5个不同批次的产品进行检验；如果1周内只生产了2个批次，则至少要抽取这2个批次的产品进行检验。产品定期检验记录的信息完整，包括产品名称或编号、检验项目及方法、检验结果、检验人等信息，检验记录的保存期限不得少于2年。

第五章 | CHAPTER 5
生态健康养殖的饲养管理体系

饲养管理的目的是使动物发挥最大的遗传潜力，获得最佳的生产性能。由于环境、饲养和管理等诸多因素的影响，很多饲养管理体系只能提供指导和参考，并不能保证饲养效果。

不同的养殖方式和管理方法，不但影响养殖动物的生长，而且影响动物的抗病能力，关系到动物的生长发育和疫病防控等。当前高密度饲养的条件，一方面显著提高了生产效率，但另一方面也导致动物抗病力的降低，致使疫病传播和发生的机会明显增加。因此只有采取科学的养殖方式，加强饲养管理，才能从根本上提高养殖动物的安全生产能力。

第一节　饲养管理技术的发展

畜牧业的发展历史悠久，早期的饲养管理技术比较简单粗放，随着养殖时间的增长和经验的积累，人类逐渐掌握了常规性的养殖饲养管理技术，从而进入了常规性的技术饲养管理阶段。随着科学技术的发展，养殖业管理技术也日趋科技化，畜牧业进入科学化饲养管理阶段。在养殖业发展的初始阶段，由于没有现成的畜禽动物饲养管理方法，人们开始探索畜禽动物的饲养管理技术。初期的饲养管理比较简单，仅以满足动物的基本生理需求为目的，技术水平低。随着时间的推移，人们的养殖管理技术经验逐渐积累、饲养知识不断增加，饲养管理也日益复杂精细，不但满足动物的基本生理需求，而且有利于发挥动物生产性能。饲养管理的技术水平得到提高，逐步形成了以养殖经验为基础的一套相对复杂的养殖管理技术，也可称为常规的饲料管理技术。随着社会科技的进一步发展，人们运用科技手段，对畜禽养殖进行深入细致的研究，依据其生长特点，研究制订相应的饲养管理方式，以利于畜禽的生长并最大限度地发挥动物生产性能，形成科学的饲养管理技术。

一、原始的、粗放的饲养管理技术

也称原始的、简单的饲养管理技术，是在畜牧业的初级阶段，人们对养殖业处于探索之中，主要以原始粗放养殖为主，即放牧及零散的、单家独户的散养模式。

原始粗放的饲养管理技术适用范围广，几乎适用所有养殖动物。内容笼统简单，主要包括畜禽的饲喂、养护和简单的卫生清理方法，主要解决给动物喂什么、什么时候喂的问题。例如在原始粗放的养鸡生产中，早晨把鸡放出来，饲喂一些谷物籽实、米糠或者简单的辅以切碎的青饲料等，鸡采食后自由活动，直至傍晚再饲喂 1 次后驱回鸡圈即可，养成习惯后鸡会自动回到圈内休息。这种饲养管理技术仅仅满足动物的饥饱，难以满足动物生长的全部营养需求，动物生长缓慢，经济效益低。

原始粗放的饲养管理随意性强，没有严格标准要求，不同养殖者都有自己的养殖方法。该方法的特点是管理方式粗放，饲料原料不加工或者简单的物理加工，饲养技术简单，饲养管理无一定的模式，动物吃饱即可，即使投喂的饲料不足，动物也可以通过自由觅食得到解决。从某种意义上讲，这种原始粗放的养殖方式符合生态养殖模式特点，满足动物福利中关于动物自由活动的要求。

二、常规性的饲养管理

相对于原始粗放的饲养管理，常规性饲养管理相对复杂，是指人们在从事养殖过程中，依据自身积累的丰富养殖经验，总结的一套养殖方法，也称传统经验养殖技术。在畜牧业发展的中级阶段，人们通过一定时间的养殖探索，初步掌握了畜禽的一些简单的生活习性及活动状况，结合养殖经验，进行畜禽养殖。这种饲养管理技术主要应用于养殖场、养殖大户等。

常规性饲养管理技术是针对不同动物积累的养殖经验，因此一种技术只适用于某种特定畜禽。技术内容相对比较细致具体，能基本满足动物的生长需要，初步形成简单的饲养管理技术体系。相对原始粗放管理技术，常规性饲养管理技术具有一定的科技含量，畜禽生长较快，生产性能较好，养殖效益增高。该阶段的饲养管理技术内容充实，方法具体，技术实用性强，对饲料进行了初步的配合加工，基本适于畜禽生长要求。由于饲养管理技术已经具有一定的科技含量，管理规范，因此对养殖人员要求提高，并需要投入一定的精力和成本，只适用于农场养殖或部分农户，产生的粪污环境难以自然化解，对周围环境造成污染。

三、科学的饲养管理

随着社会的发展和科技的进步，人们对动物生长习性及生物学特性进行了系统的研究，逐步了解并掌握了动物的生长特点。为了给动物创造良好的生长环境，以科学理论及技术研究为基础，采用科学的饲养管理方法建立起来的畜禽养殖技术，是现代化养殖企业的主要饲养管理模式。

科学饲养管理技术涉及层面更加广阔，技术更加精细具体，一种技术可能只适用于某一种动物的某个生长阶段或某个品系。技术管理内容包括动物的饲养管理、饲料配制及营养水平、疾病防控技术、养殖环境控制等多方面的技术应用。例如猪的饲养管理技术包括仔猪饲养管理、母猪饲养管理、后备母猪饲养管理、后备公猪饲养管理、地方猪饲养管理、猪场规划与建设、猪场废弃物处理技术、猪的福利与健康、猪病防治技术等。科学的饲养管理技术能有效抵御外界不利因素的影响，为动物的健康生长创造舒适和谐的环境，不仅满足动物生长生理需求，还有利于发挥动物的最大生产潜能，获得最佳的养殖效益。

科学饲养管理技术的特点是科学化、标准化，养殖方式科学精细，饲养技术具有科学性和完整性，依据畜禽的生长特性制订，并从生态学角度对畜禽养殖产生的粪污进行科学处理，实施资源化利用，尽量减少污水，使畜禽养殖生态化。

先进科学的饲养管理技术，是畜牧业不断向前发展的源泉，也是养殖企业不断提高自

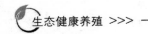

身养殖效益的关键。养殖业主在实际生产中不断改进养殖设施和环境，为养殖动物创造良好的生长环境，并不断吸收新的养殖技术，提高科学饲养管理水平。

第二节 饲养管理的一般要求

根据动物的生物学特性和不同生长阶段的生理特点，有针对性地采取有效的饲养管理措施，既保证动物生长健康，减少疾病的发生，又能提高动物的繁殖力和生产性能，获得更大的经济效益。

1. 重视优良品种的引进 品种改良是传统畜牧业向现代畜牧业转变的一个重要环节之一，畜禽良种化是提高养殖收入的重要途径。养殖场重视优良动物品种的培育，不从疫区引进种用动物，对首次引进的牛、种猪、种鸡雏、种蛋等进行风险评估，科学制订监管措施，杜绝一切疫情隐患。用于商品肉用动物品种与品系繁多，根据当地条件及市场需求，选择适宜的杂交组合进行生产，保证动物优质、高产的生产性能得以充分发挥。

2. 饲养模式的选择 饲养模式指在某一特定条件下，使养殖生产达到一定产量而采用的经济与技术相结合的规范化养殖方式。根据不同畜群的要求、生产过程的机遇和程度以及畜禽生产目的不同，采用科学的饲养模式。养殖密度与养殖场规模大小要协调，达到养殖经济效益和养殖的高效性。例如我国目前肉鸡养殖模式大致有 4 种：一条龙的模式（集约化模式），是指把畜牧业上下游集约到一起，通过系统的管理，来获得系统经济效益的一种生产模式；规模化的模式，这种模式比较单一；此外还有专业户的模式和散户养殖的模式。目前集约化和规模化模式主要有"公司＋农户""公司＋基地＋农户"等组织形式。生态肉鸡养殖模式主要是采用专业户和散养模式。目前肉鸡各模式采取的饲养方式主要是平养，平养又可分为地面平养和离地网上平养 2 种，饲养户要根据自身经济和物质条件，选择一种最适当的养殖模式和饲养方式。

3. 分群管理，精准饲喂 为了充分有效地利用饲料和圈舍，降低生产成本，将畜禽按品种、性别、年龄、体重、体质强弱等进行分群管理，分槽饲喂，使每只动物都能得到同样的对待和健康成长。根据动物的生长阶段营养需要标准不同，分阶段饲喂，达到精准饲喂。精准饲喂还包括在准确分析饲料原料营养水平基础上，充分理解消化过程和准确的营养需要量，通过精准的营养配方实现动物生产性能最大化，显著提高经济效益。

4. 严格控制饲料安全 饲料日粮是畜禽生产和生活的物质基础，除根据动物生理特点、营养需要科学地选择和配制饲料外，使用的饲料及饲料添加剂要符合《饲料卫生标准》，确定无任何的不安全添加剂及允许使用添加剂目录外的产品，保证所饲养的动物健康。

5. 饲喂方式 根据畜禽品种及生长阶段合理选择饲喂方式是健康养殖追求的目标。由于饲养者的理念和技术水平的差异，饲喂方式差别很大。以猪为例，猪的饲喂方式又分为干料饲养和液态料饲养。干料饲养就是采用固体饲料进行饲养的方式，饲料易于运输保存，劳动强度低等；但是干料饲喂的饲料利用率不高，浪费严重，粉尘大，动物健康程度低，易发咳喘现象和呼吸道疾病，猪场效益低等。从根本上来说，干料饲养是违反生猪采食天性的饲养方式，是养猪业发达的国家正逐渐淘汰的饲养方式。液态料饲养，又称液态饲喂，是指供猪食用的食材与水混合后，使饲料呈液态或粥状后再进行饲喂的饲养方式。液态料饲养的优点是可应用饲料来源广泛（如发酵饲料、次粉等），无粉尘，猪群健康程度有所提高，减少饲料浪费，降低饲养成本，提高猪场的整体效益。但是液态饲喂如果采用人工方法则劳动强度大，生产效率低；如果采用机械饲养，需要一定的技术基础，否则会适得其反。液态料喂养符合猪群采食习性，这也是目前很多新建养殖场采用液态饲喂系统或液态料线的重要原因。

6. 生产环境 随着集约化、规模化养殖业的快速发展，养殖生产环境中的各个因素和环节都成为影响畜禽生长发育的重要因素。安全舒适的舍内环境是提高畜禽生长的重要环节，根据畜禽生长阶段对温度、湿度的要求不同，调节畜舍温度适应畜禽的生长，并保持舍内空气流通良好，空气新鲜，防止不良气味产生。采取完善的管理措施，调控好畜禽舍内每个环节的环境，保证养殖动物生活在更优良的环境下，使养殖场整体规划向着规范、舒适、用工少、便于操作以及经久耐用等方面发展。

7. 卫生防疫 加强动物免疫保健，预防疾病的发生。从科学的饲养管理开始，着眼于提高畜禽健康水平、提高抗病能力。定期进行疫病监测，根据本场往年发病情况及周边地区疫情状况，制订适合本场的防疫计划和免疫程序，及时进行预防。

第三节 优良种用畜禽的引进与繁育

引进优良动物品种到本地饲养与繁殖是畜牧生产中经常性的工作，正确的引种技术和方法是关乎发展畜禽生产成败的关键环节。但在引种过程中常会出现引入动物不适应、所引品种生产力达不到原品种标准、引种时发生死亡、引入动物患有传染病等情况，给畜禽业生产造成严重威胁。选择优良的种畜禽时要查阅欲引畜禽的生产水平情况档案资料，查阅内容至少要 3 代以上，分析该品种是否能满足生产需求、是否能到达生产标准。在选择同一品系的动物时应考虑引入生产性能高的品系，对系谱要有清晰的了解，要求遗传性能稳定、血统纯正。

本节以生猪养殖为例，介绍规模化猪场饲养管理中对生猪的引种、繁育和管理。

一、区域内联合育种

（一）区域内联合育种的意义

区域内联合育种是将一定区域内多个种猪场的遗产资源结合在一起，形成大的核心群，开展统一规范的性能测定，统一进行遗传评估，选出优秀的种公猪，有偿供参与联合育种的各个猪场使用。这种突破企业育种界限、开展区域性联合育种方式，充分利用了已有的优良种猪资源，是增加企业和社会效益，实现种猪质量快速可持续改良的一条捷径。

（二）区域内联合育种的组织原则与组织形式

区域内联合育种是由政府、科研、院校、各类猪场企业通力合作建立起来的一个联合育种组织，也是育种利益共同体。这个组织必须具有公益性、公正性、科学性、服务性和自愿性的组织原则，否则难以实现区域内联合育种。由于各个地区经济的不平衡性，其主

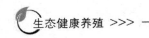

要分为4种组织形式：

协作育种组织：成立联合育种协作组、订立章程、设立理事会，协作组成员共同开展育种工作。

协会制育种组织：在行业协会或经济合作组织框架内开展联合育种工作。

联合育种组织：由联合育种的所有成员共同出资成立经济联合体，开展本区域的育种工作，各成员单位享受同等的权利和义务。

联合育种公司：以几个大的公司为主，联合其他企业或种猪场共同出资设立新公司联合开展育种工作，每个成员单位以出资额享受对等的权利和义务。

（三）编制有效的区域内联合育种执行方案

1. 构建瘦肉型良种繁育体系的宝塔式结构　国内的杜洛克×长白×大约克（DLY）三元杂交模式，在人工授精的前提下，群体为1万头母猪的宝塔式结构为：曾祖代300头约克夏母猪、祖代1 200头约克夏母猪，父母代8 500头长白、大白二元杂交母猪，与杜洛克公猪配套生产DLY三元杂交商品猪或皮特兰、杜洛克、长白、大约克四元杂交繁育体系。

2. 积极推广猪人工授精技术　猪人工授精技术是以种猪的培育和商品猪的生产为目的而采用的最简单有效的方法，是进行科学养猪、实现养猪生产现代化的重要手段。推广猪的人工授精技术，是加快猪种改良步伐，充分发挥优良种猪配种作用，促进养猪生产发展的重要技术措施。猪人工授精技术是解决当前猪场规模小、数量多问题，实现区域联合育种的有效手段。

3. 抓紧种公猪测定站等硬件的建设　将优秀的种公猪集中在安全、营养、管理等均适宜的环境中进行测定，可保障种公猪性能测定的公正性、科学性，也可通过优质公猪的鉴定，充分发挥优良遗传基因对现有猪群的公猪改良，给企业和社会带来更大效益。

4. 做好遗传评估、性能测定和数据管理等的规范运作　这3项工作的有效实施，即可为种猪的遗传评估、性能测定和数据管理等奠定实施的基础，为此才能使种猪的遗传评估和性能测定工作具有公平性和公正性，才能使区域内联合育种取得实质性进展。

5. 及时为种猪场服务和实施种猪良种登记　要建立随时通报和定期公布制度，使种猪遗传评估成绩用于指导育种实践，进而加快育种工作的效率。通过对优良种公猪实施登记制度，达到充分利用优秀种质资源，加快优良基因扩散和推进区域内联合育种工作的开展。

二、配套系育种的实施

（一）配套系育种的概念

配套系是指以数组两个或两个以上专门品系（内含专门化父系与专门化母系）为亲本，通过经严格设计的杂交组合试验（配合力测定），筛选出其中第一个杂交组合作为"最优"杂交模式，再以此模式进行配套杂交所得的产物。这种培育配套系的育种过程，称为配套系育种。国内外大型的猪育种公司将世界上多种优良种猪的遗传基因按育种目标进行分化选择，选育出各具特色的专门品系，然后进行专门化品系间配套组合，组织生产杂交商品猪，实现各个特色品系经济性能最快的遗传进展，达到种猪遗传性能的最大限度发挥，并由此给商品猪生产带来更大的利润。国外育成的配套系有 PIC 配套系、迪卡（DeKalb）配套系、欧得莱（Oudelai）配套系、海波尔（Hybrids）配套系、斯格（Seghers）配套系、达兰（Dalland）配套系等。国内育成的配套系种猪有光明配套系、深农配套系、华特配套系、渝荣 1 号配套系等。

（二）配套系育种的优势

配套系育种技术是在系统地专门定向选育基础上，通过大规模的配合力测定，筛选出杂交优势好、符合市场需求的固定组合。配套系育种在猪育种方面取得了很大的优势：猪肉的瘦肉率更高，DLY 商品猪的瘦肉率为 60%～65%，而配套系商品猪瘦肉率为 65%～70%；繁殖力更强，杜长大母猪一年可产 2.24 窝左右，每窝平均为 11 头左右，而配套系年可产 2.4 窝，每窝平均产子 12 头左右；生长周期更短，杜长大商品猪长到 100kg 需 170d 左右，而配套系商品猪长到 100kg 需 160d 左右；饲料转化率更低，DLY 商品猪的饲料转化率一般为（2.5～2.6）∶1，而标准化配套系商品猪的饲料转化率为（2.2～2.4）∶1。

三、后备种猪的引进管理

重视后备猪的引进工作，认真做好后备猪引进的准备工作，建立引种班的编制，从人选、制度、工具、预案等方面认真做好管理软件的建设。把握最佳引种时间，一般春季 3—5 月新生仔猪最宜留种，春季产的种猪一般引种时间为 8—10 月，最佳为 9 月。

（一）引种前的准备

根据猪场年度种公猪更新计划和经产母猪更新计划编制年度后备种猪的引种计划。根据计划对所需后备种猪产品进行市场调研的准备，做好隔离硬件设施的建设计划及实施准备，做好编制、人员、规章制度等软件的准备。同时根据猪场的实际情况，做好抗应激、紧急免疫、隔离、封锁、消毒等物质的准备。

编制后备种猪引种计划，按年度经产母猪更新率为 33% 进行计算，编制后备母猪的引种计划。后备公猪引进也不要低于成年公猪的 33%。为使猪场流水式生产工艺稳定有序地进行，一般应有 4 个月 1 次的引种计划，其中 3.5 个月为隔离适应期，0.5 个月为清洗、维修、消毒、空过期。

（二）供种单位调研

引进原种公猪应选择具有国家和省级种猪生产许可证资质的猪场。引进二元杂交母本猪，应选择具有省级种猪生产许可证资质的种猪扩繁场。调研供种单位的资质水平、饲养规模、种猪质量、健康状况、免疫程序、生产记录及后备种猪的档案资料。在确认该猪场无重大疫病流行、猪群健康、品种纯正、质量上乘时，方可按引种计划签订唯一的供种合同，并根据本场情况，请供种单位另做一些疾病的免疫接种工作。

（三）后备种猪隔离舍的建设

隔离舍必须建立在离现有猪舍 100m 以外的位置，封闭、隔离条件不能低于现有猪舍的水平。如果确无此条件，也要选择猪场最边缘的一栋猪舍进行有效隔离。严格执行全进全出制度，不允许不同时间引进的二批猪在同一隔离舍饲养。要按计划一次装满隔离舍，以确保有效隔离、适应工作的顺利开展。

猪场要设立后备种猪饲养班的编制，要把责任心强、技术能力好的人选配置上去，要

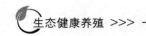

编制有奖惩内容的规章制度，要有具体数据表格的管理工具，要有应付引种风险的各种预案。

（四）后备种猪引种后的隔离与适应

后备母猪的健康检查：建立后备母猪的管理档案，登记的内容包括耳号、品种、父本编号、母本编号等常规内容，其他包括体温、呼吸、心搏的进程内容，特别是包括血常规、尿常规的检查内容及粪便潜血和肝酶活性的检查内容等。

后备母猪的膘情管理：通过饲料营养配方的控制、饲料原料防霉变控制、气温控制、饮水控制、限饲与自由采食等方法进行膘情监控。

后备母猪的胃肠扩容管理：处于第 1 胎的母猪采食量普遍偏低，造成泌乳量少，乳猪生长减缓，弱仔增多。更严重的是哺乳的母猪掉膘严重，影响后续的繁殖性能，甚至被淘汰。用部分粗饲料来填充妊娠母猪胃肠，其在哺乳期间的采食量比未经过粗饲料填充胃肠的哺乳母猪采食量要明显高出很多。

（五）要点监控

引种前要通过各种途径对供种方的猪场疫病有一个大概的了解，并制订出切实可行的隔离与适应预案。引种后要立即开展疫病检测工作，力争对新引进后备猪的主要疫病情况有一个清楚的认识，以修正隔离与适应预案。引种后 1～3d 要投喂缓解转群应激的药物以及一些敏感的广谱抗生素药物，将可能潜伏在体内的病原体灭活或弱化。根据抗体检测结果，将可能引进猪群造成危害的疾病在第 4 天、第 9 天进行紧急免疫接种，以达到在有效隔离的 3～4 周产生坚强免疫力。在引种 3～4 周，严禁新老猪强烈接触，同时要求隔离舍饲养员不得与其他猪舍饲养员接触，隔离舍专用工具、饲料等物品也要严格看管，不得串用。

四、经产母猪的培育管理

（一）建立猪场有效母猪群体

通过育种来提高母猪的繁殖性能，主要是外三元繁育体系中原种猪场和扩繁猪场的任务。而对绝大多数商品猪场来讲，饲养各阶段母猪群体的目的，是尽可能完成仔猪多生多活的任务。商品猪场管理者的责任就是在猪场内完成建立有效母猪群体存栏的大势基础。为了利于形成和保持这一有利态势，必须抓住两大要点：其一是建立母猪群体合理的胎次结构，以提高后备母猪育成率、主动淘汰无效母猪和加大母猪选择压进行保障。其二是尽量减少母猪非生产天数，及时编制有可操作性的年度非生产天数控制计划和落实减少非生产天数的措施。

（二）建立母猪合理的胎次结构

商品猪场母猪群体合理的胎次结构应为：第 1 年为 33%～35%，第 2 年为 30%～32%，第 3 年为 26%～28%，3 年以上为 5%～7%。达到这种胎次结构需要在母猪选择上认真把关，需要主动淘汰无效、低效母猪，需要加大母猪选择压上，才能实现目标。建立合理胎次结构需要从后备母猪培育成功率上保障母猪群体的合理胎次结构，贯彻无效、低效母猪主动淘汰制度以保障母猪群体的合理胎次结构，加大母猪选择压以保障母猪群体的合理胎次结构。重点从以下 2 个方面进行：

1. 后备母猪选育与无效母猪淘汰 种猪的年更新率及更新质量关系到养猪场（户）的经济效益和规模的大小，后备母猪选育要留有余地。一般后备母猪的妊娠受胎率为90%，后备母猪妊娠分娩率也为90%。因此后备母猪的配种分娩率为81%。按母猪年更新33%计算，后备母猪年选留率应为33%/81%＝41%。因此，从理论上讲，后备母猪年选留率为41%时，方可确保优质经产母猪的年存栏量。提倡无效母猪主动淘汰制，对母猪窝产少于9头或有死胎、流产的无效及低效母猪进行及时淘汰。加大母猪选择压，无论是引进还是自留后备母猪，如果8个月龄尚未发情的，对于发情期不发情者或者屡配不孕的空怀母猪，属于本身问题应淘汰。对母猪蹄腿有病者，或患有乳腺炎者，在断乳的空怀阶段都应及时淘汰。

2. 提高母猪群体繁殖性能 猪场母猪的繁殖能力是衡量猪场经济效益的重要指标，猪场每年每月每头母猪产仔数多，仔猪成活率高，会大大降低猪场饲养管理的各种成本。确保后备母猪的数量，当难以保证二元杂交后备母猪的数量时，可以从商品猪中选择三元杂交母猪进行三元轮回杂交配种，以确保母猪群体的繁殖性能。对无效母猪个体要及时淘汰，猪场尽量在9月、10月2个月做好母猪的群体整顿工作。因为9月、10月引进的后备母猪，其必然是4月、5月出生的，因培育期为8个月，妊娠期4个月，加起来为1年。故当年春季产的必然在第2年春季产第1胎，而春季适宜的气候条件必然会减少初产母猪产仔、哺乳、带仔等的压力，从而取得很好的生产成绩。

此外，抓好空怀阶段无效或低效母猪的主动淘汰工作。经验证明，保育问题的根本在产房，产房问题的根源在妊娠，妊娠问题的根源在空怀。如果低效或无效母猪在断乳空怀阶段不能及时淘汰，则其不但影响母猪群体的繁殖成绩，而且也影响哺乳仔猪、保育仔猪及育肥猪的生产成绩。

（三）减少母猪的非生产天数

任何一头母猪没有妊娠和哺乳的空闲天数，都称为非生产天数。其断乳至配种的10d间隔是必需的，除此之外都是非必需的，应尽量减少。

及时编制现场具有可操作性的年度母猪群体非生产天数，切实制订减少母猪群体非生产天数的措施。后备母猪的适时配种，外三元杂交母猪的初情期为（190±10）d，初配日龄为（230±10）d，为第3次发情。若错过了此次配种就人为地增加了21d的非生产天数。经产母猪断乳后的膘情与断乳至配种间隔天数呈正相关，这就要求加强哺乳母猪的膘情控制，尽量减少母猪哺乳期间的体重损失。返情母猪要及时复配，要引导公猪到妊娠舍刺激配后18～25d的母猪，及时确定返情母猪并准确补配。尽早发现空怀母猪，促其发情。

（四）细化母猪各阶段管理过程

养殖户想获取更大的收益，降低母猪产仔时的死亡率，就必须在母猪生产前做好充分的准备，并在仔猪出生后做好饲喂工作。许多养殖户没有相关的知识或对母猪产仔饲养不够重视，导致仔猪存活率很低。这对于肉猪养殖户来说是一笔不小的经济损失。因此合理的饲养管理技术显得尤为重要，只有仔猪健康成长，才能提升养殖户的经济效益。

1. 人员的准备 选择责任心强、能长期驻场的人员，并定期对产房人员进行学习培训，提高业务水平。

2. 产房的准备 产房要进行彻底的清洗、维修和消毒。按生产计划对每周空出的产房进行清扫、清洗工作，全面覆盖不留死角。通常采用先下后上、先里后外、先扫后泡，高压冲洗方式，同时对设施进行清洁，不留污粪。对清洗晾干后的产房设施进行安装、维修，夏季重点考虑防暑降温设施，冬季重点考虑保暖设施的安装与维修。维修后的产房要彻底消毒，墙壁与地面可用 3% 的氢氧化钠溶液消毒，产床可用戊二醛溶液消毒，最后用臭氧熏蒸消毒，以彻底切断传播途径。

3. 产房用具的准备 产前准备好消毒用的 0.1% 的高锰酸钾溶液、碘酒、剪刀、消毒好的毛巾、照明用灯、脐带结扎线等接产用品。调试保温箱，使其达到 32～35℃ 的取暖要求，同时舍内要达到 18～20℃，以满足母仔猪对不同温度的需求。准备好新生仔猪剪牙、断尾的工具，同时还要准备好耳号钳，以备种猪打耳缺之用。准备好人工助产的必需器具和物品。

4. 待产母猪进产房划区 按照分娩时间的先后顺序，合理安排产床，以利于不同阶段哺乳母猪的喂料和仔猪补料，同时有利于同一批仔猪的集中管理，如断乳、转群等全进全出工艺的开展。

5. 待产母猪的消毒 产前 1 周，要将妊娠母猪全身冲洗干净，并用 0.1% 高锰酸钾溶液进行消毒，以保证产床的清洁卫生，减少围产期疾病的发生。一旦母猪羊水流出，就要立刻用 0.1% 高锰酸钾溶液擦洗乳房和母猪臀部及外阴，还要用蘸有消毒液的抹布擦洗产床进行彻底消毒。

6. 防暑降温或保温供暖 夏季的测温为中午和午夜，中午舍温超过 30℃ 立即启动降温设施；午夜的温度容易忽视，在不升温的保温箱内，新生仔猪多挤在一起取暖。冬季舍温以 18～20℃ 为宜，以满足母猪对舒适温度的需求，而保温箱内的温度以 33～34℃ 为宜，以满足新生仔猪对舒适温度的需求。

7. 母猪产前饲喂量的调整 一般七成半膘的母猪，在配后 90d 时，可每日投喂 3kg 左右的日粮，见八成膘后可适量减料。至产前 3d 时，每天可降 0.5kg，产仔时给 1kg 湿料供其采食即可。

（五）哺乳母猪的科学饲养

1. 哺乳母猪的饲料调制 哺乳母猪的日粮要按其饲养标准进行调制，要选择多种优质原料，保证足够的营养水平。同时还要注意配合饲料的体积不能太大，适口性要好，这样才能增加采食量，保证七成膘情体况的维持和泌乳能力的需求。

2. 哺乳母猪的日喂量 母猪分娩后体力消耗大，消化机能衰弱。因此产后 1～2d 要少量饲喂，产后 3～4d 逐渐增加，产后 5～7d 以后改为湿拌料，尽量增加每日采食量，如饮水量为 15～20L；同时新生仔猪出生后 12d 开始诱食，达到出生后 16d 正式采食，以确保哺乳母猪在产后 21d 断乳。

（六）哺乳母猪的科学管理

1. 保持良好的环境条件 通过对产房人员的技术培训，消除管理上的应激因素。消除物理应激因素，即夏季的防暑降温和冬季的防寒保温硬件基础建设工作，减少环境的应激。消除化学应激因素，包括有效解决及时清粪、通风换气和防霉菌毒素慢性中毒等问题，保持畜舍良好的卫生条件。消除营养上的应激，由于母猪产后身体变化较大，所以需要根据母猪不同阶段的营养标准，给予合理均衡的营养供应。消除生物上的应激因素，重点是接产过程的消毒处理和产后防上行感染的及时用药。

2. 保护好母猪的乳房和乳头 采取热敷和喂服药物及时消除乳房水肿状态，防止因水肿而影响泌乳量。及时消除肝经瘀滞而导致的乳腺炎，产后注射疏通肝经药物，防止乳腺炎的发生。及时消除产后感染的各种因素，并及时给予抗产后感染的广谱抗菌药物进行预防。防止仔猪咬伤母猪的乳头，可在出生后即对仔猪进行正确的剪牙操作。

3. 做好哺乳期的保健用药工作 预防产后感染，做好免疫保健工作。此外还要做好母猪的驱虫保健工作，主要为驱血虫、弓形虫、体外寄生虫和合理用药等内容。

五、猪的人工授精

人工授精技术在我国的应用始于 20 世纪 30 年代，但在生产上大面积推广应用还是在1949 年以后。猪的人工授精技术自 50 年代起，相继在广西、江苏、广东等地率先推广，目前已经在规模化猪场普遍推广。

1. 查情 母猪进入性成熟后就会定期发情，一般间隔 21d 左右发情 1 次，发情时分为分为发情前期、发情期和发情后期。外三元后备母猪的初情期为（190±10）日龄，初配日龄为第 3 个发情期，一般为 230 日龄左右，体重为 130kg 左右。查情时间一般在 7：30～9：30 和 16：00～17：00，在空怀、妊娠母猪舍及后备母猪舍进行二次查情。一般选用动作缓慢、泡沫丰富、猪语言表达能力强的老龄公猪作为试情公猪，以同毛色和品种兼而有之为宜。

2. 采精 采精需要有固定的场所和环境，以便公猪建立起巩固的条件反射，同时也是保证人畜安全和防止精液污染的基本条件。采精场所宽敞、平坦、清洁、安静，设有公猪爬跨射精用的假台畜，还应配备喷洒消毒和紫外线照射装置，采精器材使用前也要经过严格的消毒。

采精前对公猪进行性刺激，保证其保持充分的性兴奋。工作人员熟练掌握采精技术，能够全部收集公猪一次射出的所有精液，精液品质不受影响，公猪的生殖器官和性机能不受损失或影响。

3. 精液品质的检查 精液品质的检查目的在于确定精液品质的优劣，以此作为精液稀释和保存的依据。同时也反映种公猪饲养管理水平和生殖器官的技能状态。精液品质的检查主要包括精液量、精液颜色、精子密度、精液气味、精子活力、精液 pH、精子的畸形率等。

一般成年公猪的精液量可达 200～300mL，后备公猪可达 150～200mL，个别种公猪可达 600mL。精液颜色为乳白色，精子浓度越高，其颜色越浓；精子浓度越低，精液越透明。精子密度分为密、中、稀 3 级。每毫升精液中精子数为 3 亿以上为密，2 亿左右为中，1 亿左右为稀。正常精液没有气味。精子活力采用 0～1.0 的评价方法，一般新鲜精液活力在 0.7～0.8，精子活力在 0.6 以下为不合格精液，不能稀释使用。一般新鲜精液的畸形率为 10% 以下，pH 为 7.5～7.9，呈弱碱性。

4. 精液的稀释 精液的稀释是在精液中加入一定量按特定配方配制的、适宜于精子存活并保持受精能力的稀释液。稀释液可增加精液的数量，同时稀释液可增加能量的来

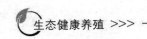

源，含有保护精子的柠檬酸盐，以保持精液的渗透压和精子休眠的 pH。稀释液内含有抗菌成分，可延长精子生存期 3～5d。

5. 精液的保存与运输 精液的保存与运输是顺利开展人工授精的重要保障环节，常温运输可达 12h，17℃恒温保存，可使精子活力大于 0.6 达 3d 以上，可有效地增加精液的供应半径，极大提高优良种猪的利用效率。

6. 输精 适时而准确地把一定量的优质精液输到发情母猪生殖道内的适当部位，是保证得到较高人工授精受胎率的最后一个环节。当母猪出现静立反应后，一般在 12～36h 排卵。其中断乳后 3～4d 发情者为 32～36h 后排卵；断乳后 5～6d 发情者为 20～24h 后排卵；断乳后 7d 发情者，包括后备母猪和返情母猪为 12～18h 后排卵。稀释后的鲜精，其精子在子宫内的存活时间约为 36h，因精子进入子宫后需要 8h 的获能时间，该时间刚好为精子从子宫颈到输卵管受精点的时间，之后才有受精能力，故授精时间应提前 8～10h，而实际具有受精能力的时间为 28h，因此 2 次输精配种时间间隔最长为 24～28h。精液保存时间长或经冷冻保存后，精子活力下降，一般第 2 天的精子在子宫内的存活时间为 24h，而实际具有受精能力的时间为 16h；第 3 天的精子在子宫内的存活时间为 18h，而实际具有受精能力的时间为 10h。因此，2 次输精配种时间间隔相应缩短。

第四节 养殖模式

养殖模式指在某一特定条件下，使养殖生产达到一定产量而采用的经济与技术相结合的规范化养殖方式。经过几十年的发展，我国养殖业走出了庭院式养殖，向规模化、专业化、生态化方向发展。从广义上讲，畜禽养殖模式按养殖性质及畜禽养殖数量可粗略地划分为散放饲养、舍饲散养和舍饲圈养。三种养殖模式各具特点，在社会发展的不同发展阶段表现的形式和内容也不相同。

一、散放饲养

根据《现代汉语词典》的解释，散养指畜禽的分散饲养，放养是指畜禽在圈外饲养，在一定意义上，放养包括散养。在动物饲养概念中，通常散养多指一家一户饲养的数量很少的畜禽，散在庭院里的一种饲养方式，或者数量多，散在有围栏的山林或草地里饲养，每天晚上在固定的地方补喂精饲料。放养多指牛、羊等家畜，由放牧人员驱赶到牧场，人跟着畜群流动，到归牧时间将牛或羊赶回到固定的圈舍休息、补料、饮水等。采用散养与放养方式的特点是畜禽活动量大，自由性大，都需要补喂精饲料。

散养或放养畜禽对精饲料的需求比规模化饲养的少，动物消耗了大量的青粗饲料，尤其是农户的副业养殖利用了种植农业的副产品进行饲养，有利于实现农业的可持续发展。一般而言，农户传统的散养方式具有技术合理性，尤其是早期农民人均收入较低、种植农业的生产技术不发达的时期，农户的副业养殖在自给性的动物源性产品、有机肥料两方面均具有积极的意义。但这种饲养模式的不足是养殖基础设施薄弱，良种化程度低，饲养技术落后，食品安全得不到保证，同时也不利于疫病的防控。

对于牛、羊的散放饲养是一种完全散放式的饲养模式，适合于比较干燥温暖的地区。

牛、羊的采食和运动在同一区域，可完全自由活动，这种饲养方式，牛群或羊群的规模容易调整，牛、羊容易获得新鲜的空气和良好的光照。不足是牛、羊管理比较粗放，卫生难以控制，生产效率不高。放牧饲养是一种利用饲草资源、节约精饲料、节省人力、成本低廉的饲养方式。我国的广大牧区、半农半牧区及拥有草山、草坡、滩涂条件的农区，都可采取这种形式饲养（图5-1）。

图5-1　散养猪（李军训提供）

二、舍饲散养

舍饲散养是根据畜禽本身的生物学特点和行为习性，采用舍内散养方式，使畜禽有较充分的活动自由的饲养模式。根据畜禽种类不同，舍饲散养的方式也不一样，但核心都是"放牧结合定点补饲"。

（一）鸡的舍饲散养

鸡的舍饲散养有栖架散养和果园林地放养。由于传统的笼养限制了鸡天性行为（例如栖息、拍打翅膀、沙浴、觅食等）的表达而受到质疑，欧盟已通过立法自2012年1月起全面禁止蛋鸡笼养。栖架系统被认为是一种福利较好的笼养替代系统，尤其在蛋鸡生产上，根据蛋鸡的生物学特点和行为学习性，提供栖架、产蛋箱和沙浴区（垫料或垫板）等福利设施和饲养自动化设备，以使动物在康乐状态下愉悦地生活，拥有表达正常行为的自由空间。

果园林地放养是近年来兴起的新型饲养模式。由于鸡的性格好动，比较适于人工放养，而且放牧状态下生长的鸡羽毛光泽好，体态华美，肉质鲜美。山区林地最好是果园、灌木丛、荆棘林或阔叶林，土质以沙壤土为佳，附近最好有小溪池塘等清洁水源。鸡舍建在向阳南坡上，便于鸡栖息与产蛋等。果园放养的鸡可捕食害虫，同时通过灯光诱杀害虫喂鸡，可以减少果树虫害、降低农药使用量、减少农药残留、改善生态环境。在果园的选择上，以干果、主干略高的果树和使用农药较少的果园地为佳。最理想的是核桃园、枣园、柿园和桑园等，并且要排水良好。

林地中牧草和动物蛋白质饲料资源丰富，空间宽敞，空气新鲜，适合鸡的生态放养。鸡觅食林中的虫草，排泄的粪便增加地力，促进林木生长，减少化肥开支和污染。同时鸡在林地活动范围大，抗病力增强，平时管理上很少用药，生产出来的鸡蛋、鸡肉无药物残留。由于林地中优质饲料多，除了丰富的可食牧草外，春、夏、秋三季有着很多昆虫，因此林地放养为鸡提供了丰富的营养，可节约饲料10%，降低饲养成本10%～20%。林地的鸡舍建在向阳南坡上，也可以根据林地情况，在不定区域建立若干栖架（图5-2）。

图5-2　舍饲散养鸡（黄进提供）

（二）猪的舍饲散养

猪的舍饲散养结合当地的自然资源情况，"以猪为本"，结合猪的生物学特点与行为习性，采用舍内散养或舍饲散养方式，使猪有较为充分的活动自由，以利于增强猪的抗病力，减少用药，提高猪群健康水平和猪肉品质。

舍饲散养是在自然资源相对短缺的条件下，利用猪的定点排粪行为和相关正常行为，以及猪的环境生理需求，在圈舍内通过合理配置暖床、食槽、饮水器、猪厕所、玩具等设施，在舍内形成躺卧区、采食区、饮水区、排泄区、活动区等功能区域，实现猪群的自我管理，保障清洁生产。在保育、生长育肥阶段以及妊娠或空怀母猪中，采取大群饲养方式。但与单养或小群饲养密度相比，在同样饲养密度下，每个个体仍有较大范围的活动面积。这种舍饲散养的模式还从动物福利角度配置满足行为需要的相关福利性设施，以改善舍内饲养环境，使其可以在圈栏内活动嬉戏，最大可能减少异常行为的发生，避免争斗带来的伤害和应激，提高猪只健康和生产性能（施正香等，2012）。

常规的猪舍饲散养是在草地或收割后的庄稼地里，用电栅栏等围成一个较大的围场，并提供一个让猪休息和睡眠的简易棚舍，配备完善的饮水系统和食槽，以供猪自由采食。这种饲养方式恢复了猪原来的活动状态和生活环境，可以接受大自然的锻炼，体质好，肉的品质高。同时，猪可以自由地表达拱鼻、舔舐、啃咬地面和外围物、靠蹭等固有的行为习性，从而有效地避免规模化饲养过程中咬耳、咬尾等现象的产生。这种模式实际是一种最古老的养猪模式，因其效率低而逐渐淘汰。但是随着人们生活水平的提高，环境保护意识增强，加上动物福利事业的发展，这种生产模式生产的猪肉受到欢迎，且价格比较高，因此又逐渐流行起来。我国南方草地草坡多，气温较高，在有条件的地方可以采用这种模式。

（三）牛的舍饲散养

奶牛舍饲散养工艺近年来在欧美等发达国家得到了快速的推广应用，尤其是北欧国家近年新建的奶牛场基本上采用了这种新的饲养工艺模式。这种饲养模式的突出特点是：采用无运动场体系的全舍饲饲养方式，舍内有采食区、躺卧休息区、挤奶间、清粪区等不同功能区，奶牛可以在舍内自由走动，自我管理。这种饲养工艺可以为奶牛提供清洁舒适的躺卧床面（一般奶牛在这里休息10～14h），清粪方式一般采用刮板清粪或漏缝地板，采用全混合日粮（TMR）饲料搅拌车将青贮饲料和精饲料送到采食通道及食槽处，挤奶间直接与牛舍相连。这种饲养工艺因其具有占地面积少、管理方便、奶牛的饲料转化率高等优点而得到了越来越多的牛场及生产管理人员的喜爱。

三、舍饲圈养

舍饲圈养是在现代化、规模化养殖条件下的一种常见的养殖模式。在圈养的过程中，采取科学的饲养管理措施，预防疾病的发生，生产优质的动物产品，获得令人满意的经济效益，达到高产高效。

（一）鸡的舍饲圈养

目前鸡的规模化养殖多选择舍饲的饲养方式，这种方式有很多优点，同时也存在着很多的缺点，如果鸡舍的环境控制不到位，会对鸡的健康产生非常大的影响，严重时还会导致肉鸡大量的死亡，严重影响了养殖经济效益。鸡的舍饲养殖模式主要有笼养、网上平养、垫料养殖。

1. 笼养 笼养鸡的笼普通宽80cm、深60cm，每笼0.48m²，可养12只左右，鸡笼放在3层笼架上，每层高45cm，采用涂塑金属网做的鸡笼底板或在网底上加1层塑料网垫。欧盟1999/74/EC号文件将蛋鸡舍饲系统分为传统笼/层架式笼（conventional/battery cages）、富集笼（furnish/enriched cages）和替代系统（alternative housing systems），其中传统笼养占世界蛋鸡饲养的90%以上。这种笼模式，鸡舍应用率高，球虫病少，但投资较大（图5-3）。

图5-3 鸡笼养（鲁万元提供）

2. 网上平养 肉鸡采用平养较多，网上平养即在离地面50~60cm高处搭设网架（可用金属、竹木材料搭建），架上再铺设金属、塑料或竹木制成的网、栅片，鸡群在网、栅片上生活，鸡粪通过网眼或栅条间隙落到地面。网眼或栅缝的大小以鸡爪不能进入而鸡粪能落下为宜。采用金属或塑料网的网眼形状有圆形、三角形、六角形、菱形等，常用的规格一般为（1.0~1.25）cm×（1.0~1.25）cm。网床大小可根据鸡舍面积灵活掌握，但应留足够的过道，以便操作（图5-4）。网上平养的优点是肉鸡与粪便不接触，降低了球虫病、白痢和大肠杆菌病的发病机会；粪便可以每日清除，鸡粪受污染程度低，可提高鸡粪的利用价值；易于控制鸡舍温度、湿度，便于通风换气，鸡体周围的环境条件均匀一致，便于实行机械化作业，节省劳动力。网上平养的缺点是与垫料养殖相比降低了房舍利用率，胸囊肿、腿病的发病率比垫料养殖稍高。

图5-4 网上平养蛋鸡（鲁万元提供）

3. 垫料养殖 鸡舍地面铺8~15cm厚的垫料，然后在垫料上饲养。垫料要求柔软、枯燥、吸水性强，最好是上层垫沙，沙上垫锯末或铡碎的稻草、麦草等。发酵床是其中的一种生态化养殖形式。发酵床养殖棚舍洁净，死亡率大大降低，年产蛋量也有一定的进步。但是发酵床养鸡养殖密度不能太大，要比普通养殖少1倍左右，而且养殖中容易出现冬季球虫众多、机体散热困难、料肉比或料蛋比偏高、生产成绩差等问题（图5-5）。

图5-5 垫料养殖（鲁万元提供）

（二）猪的舍饲圈养

猪的舍饲圈养即完全圈养制，也称定位饲养。哺乳母猪的活动面积小于 $2m^2$，早期的形式是用皮带或锁链将母猪固定在指定地点，也有用板条箱限制母猪的活动空间。目前采用母猪产床也称母仔栏或防压栏，一般设有仔猪保温设备。现代化猪场集约化饲养的猪场占地面积少、栏位利用率高，采用先进的技术和设施，节约人力，提高劳动生产率，经济效益良好，在世界养猪生产中普遍采用。猪集约化饲养大多采用圈养的全进全出模式。不同生产阶段的生猪分栋舍、分单元、分批次、分群饲养，如断乳后的仔猪在保育舍（图5-6），妊娠母猪集中养在妊娠舍，分娩母猪饲养在产房等。这样虽然增加了转群的麻烦，但便于管理，减少了不同猪舍之间的接触和疾病的传播机会，并能使不同生长阶段的猪都能得到符合要求的环境条件，从而提高生产能力。

图5-6 仔猪保育舍（许啸提供）

第五节 科学的饲养方式

在不同的养殖模式下，饲养方式和管理措施不但影响畜禽生长，而且还会影响畜禽的抗病能力，关系到畜禽的生长发育和疾病防控。传统的饲养方式是从农民生产生活的累积经验出发，在适合的自然条件下进行养殖，通常不能完全发挥畜禽本身的特点。这种饲养方式导致养殖环境和人们生活环境较差，造成畜禽的发病率高居不下，养殖产品的利润较低。现代养殖业是以科学养殖技术为指导，以先进的科学设备为基础，辅以现代的经营理念，以达到利润最大化的饲养方式。因此，只有采用科学的饲养方式，加强饲养管理才能从根本上提高畜禽的安全生产能力。

一、适度规模，密度合理

养殖密度和养殖场的规模大小要协调，一个养殖场的动物饲养数量，应根据养殖场所处的地理环境、养殖模式来确定。养殖规模主要取决于饲养的种类、地形、环境温度、通风状况、水源、废弃物净化能力以及对周边环境的影响程度来决定。

饲养密度是指畜禽舍内动物的密集程度，常用单位动物所占的栏（笼）舍面积来表

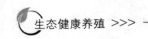

示。合理的密度对养殖动物的采食、休息、活动及生长速度等均有较大的影响。表5-1是《规模化猪场建设》（GB/T 17824.1—2008）规定的最低生猪饲养密度。为保证畜禽健康生长，达到高水平的出栏（笼）率，饲养密度应保持在一个合理的范围内。

表5-1　规模猪场最低饲养密度

猪群类别	每栏饲养猪数（头）	每头占床面积（m²）
公猪	1	9.0～12.0
后备公猪	1～2	4.0～4.5
后备母猪	5～6	1.0～1.5
空怀妊娠母猪	4～5	2.5～3.0
哺乳母猪	1	4.2～5.0
保育仔猪	9～11	0.3～0.5
生长育肥猪	9～10	0.8～1.2

二、封闭管理

封闭隔离是防止疾病发生的最基本手段，在工程防疫的基础上，充分发挥围墙、隔离林、隔离舍、消毒设施、门卫制度等的作用，从硬件上切断疾病的传播途径。严格禁止无关人员、动物及其产品、车辆、物品等进入生产区，必须进入的应实施隔离和消毒措施。已经离开场区的动物不准再返回原生产区。尽量减少不同畜舍之间的联系。有条件的养殖场，对畜舍可采用空气过滤和自动控制设备，实行全封闭式饲养。利用现代信息技术，对生产区域采取实时监控，及时了解畜禽状态，发现问题及时解决，提高管理水平。

对于规模化养殖场，动物采用全进全出的饲养工艺，即养殖场在一定区域内饲养的同一批动物应同时进入，在下一批动物进入之前，该区域饲养的动物应全部调出，空出畜舍。猪、鸡养殖的全进全出模式一般是以1栋猪舍或鸡舍为1个单元，以整栋栏舍饲养的猪或鸡全部一起进舍、一起出舍。全部空舍后要进行大消毒，以彻底消灭存在的病原。

三、分段饲养，精准饲喂

根据畜禽的不同生理特点和生长发育规律，采用分段饲养更有利于发挥动物的生长潜力。例如猪的饲养管理，可以分为母猪、仔猪和生长育肥猪3个生长阶段，再对每个阶段都分别细化营养管理，以高效达到饲养目标。母猪可以分为2阶段饲养和4阶段饲养，其中2阶段饲养分为妊娠期饲养和哺乳期饲养，4阶段饲养是将母猪分为妊娠前期、妊娠后期、哺乳期和断乳发情期4个饲养阶段。为了让动物生产水平达到理想化，每个阶段都"精准、高效、个性化定制"日粮，通过精确分析饲料原料中营养物质含量，根据动物的消化过程和准确的营养需要量，制订精准的营养配方来实现动物生产的最大化。

利用信息技术实施对畜禽采食精准控制已经成为现实。射频识别（radio frequency identification，RFID）是一种非接触式的自动识别技术，它通过射频信号自动识别目标对象，可快速地进行物品追踪和数据交换。识别工作无须人工干预，可工作于各种恶劣环境。RFID技术还可识别高速运动物体并可同时识别多个标签。根据生猪携带的RFID标签、不同生长周期和当天的进食量进行精准投料、全自动控制，在控制过程中可以对控制效果评估，实时反馈，进行再次调整与精准控制，用户可以设定时间控制、预期参数控制、生长曲线等多种控制模式。

四、优良品种的引进与自繁自养

畜禽的质量不但影响生长速度、肉的质量与饲料转化率，而且影响整个群体的健康。动物品种是健康养殖的基础，具有较强抗病能力和抵御不良环境能力的养殖品种，不但能减少病害发生机会，降低养殖风险，增加养殖效益，同时也可以避免大量用药对环境可能造成的危害以及对人类健康的影响。因此必须大力提倡良种引种、选育、自育。健康养殖模式更应该选择具有高潜力、体型优良、健康无病的优质品种，进行良好的饲养管理，才能获得良好的饲养效果。

规模的猪场通常实行内部自繁自养，这也是预防外来疫病入侵的基本方法。除了必要时引进优良公母猪以更新老的繁殖猪群外，所有饲养出售的商品猪全部是由自养的公母猪繁殖提供。

第六节　生态健康养猪饲养管理技术实例

一、妊娠期母猪的饲养管理要点

（一）保胎期阶段（配后 0～35d）

一个猪场生产效益好坏，它的起点决定于母猪生产的好坏。母猪妊娠初期，如果对妊娠母猪饲养管理不当，很容易导致胎儿的生长发育受阻，甚至引起流产和导致疾病。由于卵细胞在输卵管壶腹部完成受精过程后，在 3d 左右到达子宫角，其最初在子宫角内呈浮游状态，从第 13～14 胎龄开始松散地着床，这个过程到 25～30 胎龄才能完成。在母猪妊娠 30d 时，每个胚胎仅重 2g，由于着床前没有胎衣和脐带的保护，其对外界的刺激非常敏感，胚胎很容易死亡。因此妊娠第 1 个月的重点就是抓好保胎工作。

（二）稳胎阶段（配后 36～90d）

母猪妊娠 36～90d 期间，由于胎盘屏障的保护作用，胚胎相对安全，故为妊娠母猪的稳胎期。胚胎发育 90d 时，重量为 550g 左右。在配后 50～80d，有针对性地采用一些易感疫病的疫苗进行加强免疫，或采集某些病料进行反饲；在配后 81～90d，有针对性地驱虫和保健用药，不仅可以确保减少胚胎在重胎期时疫病的干扰，也为初生仔猪从初乳中获得抗体打下基础。

（三）重胎期阶段（91～107d）

母猪妊娠 90d 至分娩前 24d，每个胎的体重增加 800g 左右，占初生仔猪体重的 60%左右，可见妊娠后期 24d 是胎儿体重增长的关键时期，也可以说初生仔猪大与小，是由最后 1 个月决定的。母猪在重胎期时，饲喂量和营养标准要适当提高，满足胎儿快速增长的需要，同时也为哺乳期做好营养储备。

二、哺乳母猪的饲养管理要点

（1）母猪产前1周调入产房。母猪调入产房前必须对产圈设备进行检查维修，并对产圈进行彻底的清扫、冲洗和认真消毒。

（2）待产母猪进入产房前，将母猪全身刷洗干净，并选用适当的消毒液喷洒周身，经洗刷消毒后，方允许进入产房。母猪临产前，还要再用0.5％的高锰酸钾溶液洗涤母猪的阴门、乳房和腹部。

（3）母猪进入产房后，逐渐减少饲料喂量。产前5d每天喂2kg，产前2d每天喂1.5kg，产仔当天不喂料，产后逐渐增加喂料量，直至产后7d左右，才能按哺乳期的要求喂给。

（4）根据每头母猪的预产期，随时观察母猪的动态，准备接产。

（5）现代化养猪将母猪的哺乳阶段细分为围产期阶段和泌乳高峰期阶段。围产期是指产前5～7d、产后5～7d和产程的总和；泌乳高峰期是指产后5～7d至21～28d断乳的时间段。

在围产期和泌乳高峰期的饲养上，其饲料的日粮完全相同，但饲喂量却大相径庭。经产母猪正常产仔后，在泌乳高峰期需日喂4次，日采食量为6kg以上，饮水为20kg以上。而围产期的日采食量，在产前5～7d是逐渐下降的，在产仔后5～7d是逐渐上升的，日最低采食量为1kg，日最高采食量为3～4kg。哺乳期母猪的喂给量以不剩料为准，通常不做限制，同时保证饮水的充足供应。喂料量要根据母猪的膘情、食欲、带仔多少和哺乳期的不同阶段相应增减。

围产期的管理主要为产前的准备、产程的护理、人工助产、产后保健、提高泌乳力等工作的内容。而泌乳高峰期的管理主要为环境保健、乳房保健、免疫保健、驱虫保健、看护保健和体况保健等内容。

（6）若发现个别母猪产后奶少或无奶，可及时注射催产素，刺激母猪泌乳。

三、种公猪的饲养管理要点

种公猪的养殖目的是配种，虽然它在猪场中极少，但却是猪场的重要部分，种公猪的好坏关系到猪场的生产力。要扩大猪群数量，改进猪群质量，除了选择优良品种的公猪以外，还必须饲养好公猪，使公猪保持旺盛的配种能力。

（1）种公猪饲料要多搭配一些精饲料，一次喂料数量不要太多，因为种公猪如吃得太多，腹部就会下垂，给配种造成困难。精饲料主要是豆饼、豆类、麸皮等，蛋白质含量高。在不配种时，可以适当少喂精饲料。另外，还要注意搭喂青饲料和矿物质饲料。工厂化养猪场，种公猪的配合饲料要求每千克饲料含消化能12.5～13MJ，蛋白质18％，钙0.83％，磷0.66％。

（2）要使种公猪适当活动，因为活动可以促使新陈代谢旺盛，使种公猪体质健壮而不肥胖。对种公猪可以采用的活动方式很多，比如有的每天驱赶1h以上，有的进行放牧，让猪边采食边活动，有的在喂过食后将猪赶到空场，让猪自由活动。如经常养在小圈里，缺乏活动，则配种效果不好。必须经常注意种公猪的营养状况，使其终年保持肌肉结实、精力充沛、性欲旺盛。发现过肥或过瘦必须立即调整日粮，减少或增加饲喂量。

（3）要求每半个月检测种公猪精液品质1次，以保证种公猪的配种效果，提高受胎率。

（4）1～3年的青年种公猪，每周可配1～2次；2～5年的壮年种公猪，每天可配1～2次，每周可休息2～3d；采用人工授精的壮年种公猪可每周采精4次，每天1～2次。做好配种记录，以作为评价种公猪的生产性能的依据。

（5）种公猪的栏圈，要保持清洁干燥，窝要勤扫勤垫，防止潮湿。冬季让公猪多晒太阳，并保持猪体清洁。夏季，有条件的应赶种公猪去水塘边洗澡，保持猪体清洁，以促进血液循环，防止患皮肤病和外寄生虫病。

四、空怀和妊娠母猪的饲养管理要点

繁殖母猪，特别是初配母猪其空怀的原因多为过肥，因此应适当控制营养水平，定量饲喂，既满足繁殖母猪的生产需要，同时又不能过肥。

1. 日粮营养水平　空怀和妊娠母猪日粮能量水平不宜过高，每千克饲料含消化能11.7MJ，粗蛋白质12%～13%，钙0.7%，磷0.5%，食盐0.5%。妊娠后期母猪从产前一个月开始胎儿发育快，每千克饲料含消化能12.97MJ，粗蛋白质14%～15%，钙0.9%，磷0.7%。对体弱或过肥的母猪要适当增减喂料量，并保证清洁饮水的经常供应。维生素、微量元素对母猪的发情、排卵、受胎、胎儿发育等繁殖机能有重要作用，应特别注意合理补充，否则造成母、仔猪发育困难，以后无法补救。

2. 适时配种　母猪发情周期16～25d，平均21d左右，后备母猪在150～170日龄发情，断乳后母猪在3～10d发情。发情母猪，在发情持续期内，要求配种2次。第1次配种是在母猪开始发情14～16h，过24h后再进行第2次配种。母猪配种后要及时填写配种记录表。在空怀母猪舍，要每天上午用试情公猪试情各1次，这样不仅可以找出发情母猪，还可刺激母猪发情。

3. 妊娠判断　对空怀和已配种的母猪，要每天清晨和傍晚巡回检查发情情况各1次；对已配种的母猪在配种18～24d和38～44d要特别注意检查是否返情，一旦发现发情或返情的母猪，应争取适时配种。连续2个发情期没有配上的种猪应立即淘汰。

4. 日常管理　繁殖母猪应饲养在较大的栏舍内，每头至少需要猪舍面积1.4m²，每栏4～8头。一般栏舍温度不低于18℃。饲养过程中随时检查母猪的采食及排粪情况，发现采食量减少或不采食要及时进行检查治疗。发现母猪便秘除适当加喂青绿饲料和纤维含量多的饲料及保证充足饮水外，日粮中可适当加入硫酸镁或硫酸钠通便。及时清扫猪栏内粪便，定时清洁饲槽和饮水器，保持清洁。注意母猪的免疫保健，定期注射疫苗、驱虫等进行保健。

五、哺乳仔猪的饲养管理要点

哺乳仔猪是生猪养殖的关键点，与整个饲养过程中猪的生长速度、饲料转化率以及整个养殖场的经济效益有密切的关联，管理好哺乳仔猪必须要了解仔猪生理特性，进行合理的管理，才能提高养殖效益。

1. 保温防压　哺乳仔猪适宜温度：1～7日龄由32℃逐渐降低到25℃，8～35日龄由28℃逐渐降低到24℃，舍内温度控制在18～22℃，相对湿度50%～70%，保持空气新鲜。

仔猪应设有保温箱或保温室，并在保温箱底或距保温室底 30～40cm 处挂一只 250W 的红外线灯泡。根据日龄逐步调整保温灯的高度，确保温度平稳恒定。仔猪出生后，做好仔猪的护理工作，要立即用毛巾将口鼻部的黏液擦干净，然后擦干全身，并在分娩栏内安装护仔栏，防止母猪误压仔猪。

2. 寄养　同批进入产房母猪，产仔日期较接近，为了使各窝仔猪发育一致，便于全进全出，可进行适当寄养。母猪产仔过多、过少或者母猪死亡等因素导致仔猪不能喂养的，也需要进行调整。但寄养的仔猪必须吃上母猪的初乳，未吃初乳的仔猪不能寄养。寄养到其他母猪哺育的，根据猪嗅觉灵敏的特性，可用母猪乳汁或粪便涂擦仔猪全身，在夜间进行混群，使母猪无法区分自产和寄养的仔猪。

3. 吃好初乳和固定乳头　初乳营养极其丰富，含有大量的免疫球蛋白，仔猪及早吃初乳可获得免疫力和丰富的营养，产生体热，增加抗病能力。还应根据仔猪体重大小固定乳头，将个头小的调整到胸前部，个头大的调到腹部，以弥补弱小仔猪先天不足，使整窝仔猪发育均匀整齐。

4. 补铁　为了防止哺乳仔猪发生缺铁性贫血，可在仔猪出生后 2～3 日龄内肌内注射铁剂，每头剂量 100～150mg 铁，断乳时再注射 1 次。

5. 适时补料　一般 7 日龄后即可对哺乳仔猪实行补料计划，选择适口性好、易消化吸收、抗病力强的教槽料。在断乳之前的采食总量最好能够达到 1kg 以上。

6. 适时断乳　哺乳仔猪已习惯采食饲料，不需要哺乳时要适时断乳。一般 21～28 日龄、体重在 8kg 左右断乳。断乳后使仔猪在原来环境中留栏 1 周，减少应激。断乳后应供给仔猪优质的配合饲料，并保证充足清洁饮水，减少疾病传播机会。

六、断乳仔猪的饲养管理要点

断乳仔猪是指仔猪从产房转到保育舍的这个阶段。断乳仔猪阶段是关系到猪场是否盈利的一个关键时期，同时也是猪群易染病、发病的一个高峰时期，此阶段不仅保证仔猪过好"断乳关"，而且还要为育成、育肥打下一个良好的基础。

1. 营养需要　断乳仔猪阶段，一方面生长发育快，对营养需求量特别大；另一方面，消化器官机能还不完善。断乳仔猪饲料要求：营养平衡，含高能量、高蛋白质，品质优，易消化。根据美国 NRC 断乳仔猪营养需要或我国饲养标准，结合养殖企业生产情况，制定合理的断乳仔猪日粮配方。通常哺乳仔猪 28 日龄或 35 日龄断乳后，调入育成舍，在网上饲养 5 周左右下网，体重应达 15～25kg。

2. 饲喂方式　哺乳仔猪断乳后，应由喂乳猪料改喂仔猪料，并逐渐过渡，直至 7～10d，方能全部喂仔猪料。通常断乳前 3d 减少母乳供给（哺乳母猪限饲），迫使仔猪进食较多乳猪料。断乳后 2 周内保持饲料不变。2 周后饲料中逐渐增加小猪料量，减少乳猪料，3 周后全部替换为小猪料。断乳后 3～5d 采取限量饲喂，日采食量以 160g 为宜，逐渐增加，5d 后自由采食。控制采食量可有效缓解仔猪断乳后营养性、消化不良性腹泻。仔猪从母乳过渡到干饲料，渴感增加，要保证充足饮水，饮水器最低出水率 1.5L/min，并适量添加维生素等以减少应激反应。

3. 环境管理　哺乳仔猪调入育成舍前，应对育成舍的设备进行检修，然后将所有育成仔栏清洗消毒，饲槽内的陈料要彻底加以清除，并洗刷干净。一切准备就绪后，方允许转入新仔猪群。育成舍应经常打扫、消毒，定期通风换气，保持干燥、清洁，冬暖夏凉，空气清新。清除病原微生物及切断传播途径，预防传染病发生。30～40日龄仔猪环境温度以21～22℃为宜；41～60日龄21℃；60～90日龄20℃，为保持上述温度范围，要求夏季做好防暑降温，冬季做好防寒保暖。仔猪舍内湿度过大会增加寒冷或炎热应激，对仔猪生长不利，断乳仔猪适宜环境相对湿度为65％～75％。

4. 预防腹泻　腹泻常于断乳后2周内，断乳仔猪腹泻率高达40％以上，经济损失特别大。常见腹泻类型有断乳仔猪腹泻综合征（与肠道内正常菌群失调有关）、传染性腹泻（副伤寒、传染性胃肠炎）、营养性腹泻（过食、消化不良）。科学饲养管理、合理免疫预防、腹泻后及时治疗补液，是降低断乳后腹泻死亡率的有效方法。

5. 引导调教　断乳仔猪阶段是形成定点采食、排粪尿、睡觉好习惯的关键时期，对于新断乳转群的仔猪需要认真引导调教。通常排泄区粪便暂时不清扫，以诱导仔猪来排泄，其他区粪便及时清除干净。对于随地排泄的仔猪及时轰赶，仔猪卧睡前时，可定时轰赶至排泄区排泄，一般经过1周即可形成习惯。

七、中大猪的饲养管理要点

育肥猪是养猪过程中最容易忽视的一个阶段，育肥猪生长速度快，所以其抵抗力并没有那么强。育肥猪是养猪的最后阶段，也是带来利润的阶段，因此应注意该阶段猪的生产管理，提高养殖企业的经济效益。

1. 饲养密度　猪的天性是喜欢活动，空间小可能会导致猪心情烦躁，出现咬尾、咬耳朵、咬架等现象，严重的会出现伤亡。高密度饲养还会使猪的抵抗力下降，患病率增加。70kg以上的猪每头占地面积至少在1.2m²才合适。

2. 环境管理　前批猪出栏后，应对空圈进行彻底的清扫、冲洗和消毒，从空圈到进猪最好间隔1周。保持猪舍安静，让猪养成一天24h内除进食、排粪尿外，其余时间均基本处于睡眠状态的习惯，以利于增重。注意防暑保温：夏季要搭设凉棚，敞开窗洞，多喂青饲料，地面洒水降温，以防中暑；冬季猪舍要闭塞窗洞，防止贼风和穿堂风侵袭，并加垫褥草。搞好猪舍环境卫生：做到食净、槽净、舍净、猪净，猪场出入口要设置消毒池。圈舍槽具每月消毒1～2次，仔猪3月龄左右要进行驱虫灭虱。由于粉尘可以携带细菌和病毒进入猪呼吸道，引发疾病，尤其是在冬季猪舍密闭的情况下更为严重，因此常采用通风和喷雾两种方式结合控制猪舍粉尘。

3. 合理分群　育成猪转群时要进行称重，根据体重、性格和品种分组，以便于管理和发育整齐。

4. 营养管理　育成猪在转育初期，消化机能尚未发育完全，饲料喂得过多，也易引起腹泻，影响增重。因此，在转群初期7～10d，除对喂料量必须加以控制外，配合饲料的种类也应逐步更换。当育肥猪体重长到60kg左右时，再逐步改喂肥猪料。根据饲养标准，结合养殖企业生产情况，制定合理的日粮配方。

5. 隔离猪舍　在中大猪舍装猪时，应有意留出3～4个空圈，以便今后陆续将整个育肥期中出现的病弱猪调出集中进行饲养和治疗。

第六章 | CHAPTER 6

生态健康养殖的生物安全

实施生态健康养殖的兽医卫生体系，保证养殖场的生物安全，实际是对养殖场动物疾病的综合防控技术的具体体现。养殖场疫病综合防控管理是防止病原进入场内、感染动物以及导致疫病的发生、流行而采取的预防、控制措施的总称，包括硬件和软件两个方面。硬件主要指建筑物、生产设施设备、隔离设施、消毒设备以及疫病监测等的建设和使用。软件是指生产方式、饲养管理和隔离、引种、消毒、疫病监测、保健等制度的建立和落实。

第一节 隔离技术

养殖场的隔离包括养殖场本身与外界环境的隔离、养殖场内部新引进种群的隔离、人员的隔离以及患病动物与健康动物的隔离。

（一）养殖场与外界环境的隔离

1. 空间隔离 养殖场在选址时就应考虑到一个天然的大环境屏障，周边无其他饲养场及肉类加工厂，与村庄以及主要公路相距至少 1km 以上。本部分内容在本书的第三章中有专门的论述。

2. 与外界生物隔离 严禁饲养非养殖动物以外的其他动物，做好灭鼠、灭蚊蝇等工作，控制有害生物的滋生。隔离舍采用全进全出模式，批次间要严格执行空舍、清洗、消毒措施。放养型的饲养场还应注意飞禽，有条件的可以在养殖场四周及上方设置网罩，避免飞鸟飞入，有效切断疾病的传播途径，减少病原体与养殖动物的接触。

（二）人员的隔离

养殖场内各区分隔清晰，生产区的办公区域与生活区、生产区各区之间、净道污道划分清晰，避免形成防疫的隐患区域。

养殖场应实行封闭管理，严禁人员和车辆随意进出厂区大门。外来车辆严格执行消毒措施后方可进入。外来人员进场必须洗澡并更换厂区工作服及工作鞋，遵守场内一切防疫卫生制度。

生产人员进入生产区要经过淋浴、更换消毒过的专用工作服和鞋帽后才能进入。生产区内的各生产阶段的人员不能随意串舍，各生产内用具不能外借和交叉使用。技术人员检查动物群体情况时，必须穿经过消毒的工作服、戴帽、换鞋，检查应该从健康动物到生病动物，从幼龄动物到大动物，同时进入不同畜舍时应进行重新消毒。生产区的工作人员不得对外开展诊疗服务，场内兽医不允许对外诊疗，配种人员亦不允许对外开展配种工作。

（三）新引进种畜的隔离

猪场、牛场等经常会引进种猪、种牛等，因此养殖场应建有专门的种畜隔离舍。引进种畜之前，做好产地疫情调查，确保引进的动物不携带疫病。引到目的地后，要在隔离舍饲养 30～60d，根据动物不同，隔离时间有所差别。隔离的动物经检疫合格后，最好再将本场饲养的动物混养一段时间，使外来的种畜适应本场的微生物群体，并在隔离期间做好各种疫苗的接种工作。

（四）患病动物的隔离

为防止疾病在本场继续扩散和传播，必须建立患病动物隔离舍，将患有疾病的动物，一律转入隔离舍，由专人隔离饲养、治疗，直至出栏。

第二节　养殖场消毒

消毒是养殖场重要且必需的环节，采用物理、化学或生物的方法，清除或杀灭外界环境中的病原微生物，从而达到切断传播途径、预防动物传染病发生的目的。消毒方法的正确与否是预防养殖场疾病感染和控制疫病暴发的重要措施之一，是养殖场高效发展的重要保证。

（一）消毒方法

1. 物理消毒法　物理消毒法是利用紫外线、干热、湿热、焚烧等物理方法杀灭病原体，如紫外灯、阳光暴晒、熏蒸消毒、蒸汽消毒、焚烧污物等。如用喷灯对动物经常出入的地方、产房、培育舍，每年进行 1～2 次火焰瞬间喷射消毒。人员入口处设紫外线灯照射至少 5min 来消毒。通常机械性清除也列为物理消毒范围，即用机械的方法，如清扫、洗刷、通风等清除病原体。

2. 化学消毒法　利用化学消毒剂对病原微生物污染的场地、物品等进行消毒，如在动物畜舍周围、入口、产房和动物饲养床下面等撒生石灰或氢氧化钠消毒，用甲醛等对饲养器具在密闭的室内或容器内进行熏蒸。用规定浓度的新洁尔灭、有机碘混合物等洗手、洗工作服或胶鞋等。

3. 生物热消毒法　通过堆积发酵产热来杀灭一般病原体的消毒方法，主要用于粪便及污物的无害化处理。通过将粪便、垫料等废弃物堆积起来进行发酵，利用嗜热细菌繁殖时产生的高热，杀灭除芽孢杆菌以外的大多数病原，尤其是各种寄生虫的虫卵和球虫卵囊等。

（二）消毒的程序

做好消毒工作是畜禽养殖场防控疫病的一项重要措施，要针对不同的情况采取相应的消毒方法。根据消毒的类型、对象、环境温度、病原体性质以及传染病流行特点等因素，将多种消毒方法科学合理地加以组合，达到消毒的目的。

1. 消毒池的消毒　畜禽养殖场主要通道必须设置消毒池，如在场门口、生产区入口及各栋畜舍出入口都要设有消毒池，不同位置设置的消毒池的大小及消毒液使用情况不同。大门口的消毒池长度为汽车轮周长的 2 倍，深度 15～20cm，宽度与大门口同宽（图 6-1）。畜舍出入口也可以放置消毒槽或脚踏消毒池（60cm×40cm×8cm），使用 2% 氢氧化钠或

5%来苏儿溶液，注意定期更换消毒液。

图 6-1　鸡场大门消毒池（鲁万元提供）

2. 车辆及生产器具等物资消毒　进入厂门的车辆除了要经过消毒池外，还必须对车身、车底盘进行高压喷雾消毒。严禁车辆进入生产区，进入生产区的料车每周要彻底消毒1次。

生产用器具（如垫草、扫把、铁锨等）物资，使用完毕后要及时清洁并统一保存。储存间内设置有紫外线或臭氧消毒机，也可以用喷洒消毒剂对生产器具进行表面消毒。但是在有疫情时必须经熏蒸法消毒后才可使用。

3. 人员消毒　工作人员进入生产区净道和畜禽舍要经过洗澡、更衣、紫外线消毒。养殖场一般谢绝参观，严格控制外来人员。有条件的养殖场，在生产区入口设置消毒室，在消毒室内洗澡、更换衣物，穿戴清洁消毒好的工作服、帽和靴经消毒池后进入生产区。消毒室经常保持干净、整洁。工作服、工作靴和更衣室定期洗刷消毒，每立方米空间用42mL甲醛熏蒸消毒20min。工作人员在接触畜群、饲料、种蛋等之前必须洗手，并用1:1 000的新洁尔灭溶液浸泡消毒3～5min。严禁外来人员进入生产区。

4. 环境消毒

（1）垃圾处理消毒。生产区的垃圾实行分类存放，并定期收集。每周在规定的时间进行环境清理、消毒和焚烧垃圾。

（2）非生产区消毒。非生产区包括生活区、辅助生产区（办公区）和饲料加工区。对非生产区要经常清扫，保持清洁，定期使用规定的消毒剂进行消毒。通常冬季可半个月进行1次，其他季节1周进行1次氢氧化钠或甲醛溶液喷洒消毒。南方地区因长时间温度较高，因此每周进行1次消毒。

（3）生产区消毒。除了在畜舍出入口放置消毒池或消毒槽外，生产区道路、畜舍前后每周进行消毒，每隔1～2周，用2%～3%氢氧化钠或3%～5%的甲醛或0.5%的过氧乙酸喷洒消毒场地。每月至少对场内污水池、堆粪坑、下水道出口等进行1次消毒。

（4）地面土壤消毒。牛场、羊场等需要对地面土壤进行经常性的消毒。被病畜禽的排泄物和分泌物污染的地面土壤，可用5%～10%漂白粉溶液或10%氢氧化钠溶液消毒。停放过病死动物尸体的场所应严格加以消毒，采用多种联合消毒措施杀死病菌，防止扩散。

例如停放过芽孢所致传染病（如霍乱、炭疽、气肿疽等）病畜禽尸体的场所，或者是此种病畜禽倒毙的地方，首先用 10%～20% 漂白粉乳剂喷洒地面，然后将表层土壤掘起 30cm 左右，撒上干漂白粉并与土混合，将此表土运出掩埋。在运输时应用不漏土的车以免沿途漏撒，如无条件将表土运出，则应加大漂白粉的用量，将漂白粉与土混合，加水湿润后原地压平。

5. 畜禽舍消毒　每批畜禽调出后都要将畜舍彻底清扫干净，用高压水枪冲洗，然后进行喷雾消毒或熏蒸消毒。据试验，采用清扫方法，可以使畜禽舍内的细菌减少 21.5%；如果清扫后再用清水冲洗，则畜禽舍内细菌数即可减少 54%～60%；清扫、冲洗后再用药物喷雾消毒，畜禽舍内的细菌数即可减少 90%。用化学消毒液消毒时，消毒液的用量一般是畜禽舍内每平方米面积用 1～1.5L 药液。消毒时，先喷洒地面，然后墙壁，先由离门远处开始，喷完墙壁后再喷天花板，最后再开门窗通风，用清水刷洗饲槽，将消毒药味除去。在进行畜禽舍消毒时，也应将附近场院以及被病畜禽污染的地方和物品同时进行消毒。

第三节　科学的免疫接种

免疫接种是给动物接种各种免疫制剂（疫苗、类毒素及免疫血清），使动物个体和群体产生对传染病的特异性免疫力。免疫接种是预防和治疗传染病的主要手段，也是使易感动物群转化为非易感动物群的唯一手段。

1. 免疫接种的类型　根据免疫接种的时机不同，免疫接种可分为预防接种和紧急接种两类。

（1）预防接种。预防接种是为了预防某些传染病的发生和流行，在动物生产过程中采取有组织、有计划地按免疫程序对健康畜禽进行的免疫接种。预防接种常用的免疫制剂有疫苗、类毒素等。由于所用免疫制剂不同，接种的方法也不太一样，有皮下注射、肌内注射、皮肤刺激、口服、点眼、滴鼻、喷雾吸入等。

（2）紧急接种。发生传染病时，为了迅速控制和扑灭疫病，对疫区和受威胁区尚未发病的动物进行紧急免疫接种。应用疫苗进行紧急接种时，必须先对动物群逐只地进行详细的临床检查，只能对无任何临床症状的动物进行紧急接种，对患病动物和处于潜伏期的动物，不能接种疫苗，应立即隔离治疗或扑杀。但应注意，在临床检查无症状而貌似健康的动物中，必然混有一部分潜伏期的动物，在接种疫苗后不仅得不到保护，反而促使其发病，造成一定的损失，这是一种不可避免的正常现象，但由于这些急性传染病潜伏期短，而疫苗接种后又能很快产生免疫力，因而发病数不久就可下降，疫情得到控制，多数动物可得到保护。

2. 免疫接种程序　免疫接种程序是指根据一定地区、养殖场或特定动物群体内传染病流行状况、动物健康状况和不同疫苗特性，为特定动物群体制订的免疫接种计划，包括接种疫苗的类型、顺序、时间、方法、次数、时间间隔等规程和次序。科学合理的免疫程序是获得有效免疫保护的重要保障。

不同动物种类免疫程序完全不同，即使是同一种动物，不同地区、不同养殖场的免疫计划也不尽相同。养殖场应根据本地区近几年来曾发生过的传染病流行情况进行调查了解，然后有针对性地拟订年度预防接种计划，确定免疫制剂的种类和接种时间，按所制订的各种动物免疫程序进行免疫接种，争取做到头头注射、只只免疫。

第四节　正确的药物防治

食品安全问题日益受到人们关注，兽药安全使用直接关系到畜产品生产的安全及其经济效益的好坏，更与人们的食品安全息息相关。按照健康养殖基本要求，养殖场的饲料原料使用及药物、添加物使用必须坚持合理规范用药原则，严格遵循国家饲料及饲料添加剂等相关法律法规，建立健康养殖档案、实行养殖投入品质量安全全程管控，严格控制药残、禁止滥用药物（抗生素）、保证畜产品质量安全。经近年生猪规模养殖生产实践，推广应用生物发酵床养猪，以及微生物制剂、益生菌制剂、酶制剂等新型养猪投入品的应用，就能有效解决疾病防治与促长增重、生态环境保护之间的矛盾问题，是值得业内深入探讨与推广应用的科学养殖方法之一，也值得其他动物养殖借鉴。

国务院颁布的《兽药管理条例》明确了兽药使用规范，要求兽药使用单位应该遵守国务院兽医行政管理部门制定的兽药安全使用规定，并建立用药记录；禁止使用假、劣兽药以及国家农业部门规定禁止使用的药品及其他违禁化合物。严格建立执行休药期规定。养殖场在兽药使用与安全管理上应该制订严格实施程序，树立合理科学用药观念，预防性或治疗性用药必须由兽医决定，其他人员不能擅自使用，不乱用药，保证兽药的安全使用。

1. 选择适宜的药物　任何一种药物对某一器官组织的选择与作用，与药物的化学结构及组织生化过程的特性有关。一般来说，一种药物在一定的剂量下对某一种疾病疗效最佳。因此，动物发病时，应先确定是什么病，再针对致病的原因确定用什么药物，严禁不经诊断就盲目投药，在给药前应了解所选药物的成分，同时应注意药物内含成分的有效含量，避免治疗效果很差或发生中毒。

2. 确定最佳的用药剂量和疗程　药物要有一定的剂量，在机体吸收后达到一定的药物浓度才能发挥药物的作用。根据动物疾病的类型及药物的性质以及动物具体情况来确定合适的药物剂量范围，保证药效的充分发挥，并能避免因停药过早而导致疾病复发。

3. 选择最佳的给药方法　不同的给药途径不仅影响药物吸收的速度和数量，同时与药理作用的快慢和强弱有关，甚至产生性质完全不同的作用。给药方法及剂量应根据兽药手册进行。

4. 注意药物的不良反应　药物不良反应在药理学中，指某种药物导致的躯体及心理副反应、毒性反应、变态反应等非治疗所需的反应。可以是预期的毒副反应，也可以是无法预期的过敏性或特异性反应。一种药物常有多种作用，在正常剂量情况下出现与用药目的无关的反应称为副作用。一般说来，副作用比较轻微，多为可逆性机能变化，停药后通常很快消退。动物给药后，注意观察动物的生理反应，尽量减少不良反应的发生。

5. 合理的用药配伍

（1）配伍用药。同时使用两种以上的药物称为配伍用药。药物的作用相似、药效增加的配伍用药称为协同作用，而各种药物作用相反而引起药效减弱或互相抵消，称为拮抗作用。

（2）重复用药。为了保持动物血液中药物的浓度，继续发挥药物作用，往往重复用药。但重复用药可能会使机体产生对某种药物的耐受性，而使药物作用减弱，同时还有可能使病原体产生耐药性，导致药效下降或消失。

（3）配伍禁忌。配伍禁忌指药物在体外配伍，直接发生物理性的或化学性的相互作用会影响药物疗效或发生毒性反应，一般将配伍禁忌分为物理性的（不多见）和化学性的（多见）两类。临床上合并使用数种注射液时，若产生配伍禁忌，可使药效降低或失效，其至可引起药物不良反应。

6. 给药次数与间隔时间　大多数药物需要多次用药才能产生疗效，当药物按一定间隔时间等量多次用药时，由于蓄积作用，每一次用药后体内药物浓度基线会高于前一次，药物在体内不断蓄积，最终达到稳态水平。给药的次数和间隔取决于药物的作用机制、药物的浓度、剂量、半衰期和毒性反应，养殖场兽医人员应该根据兽药使用规定，根据动物的种类、生长阶段、体重、个体差异等确定给药的次数与间隔时间。

7. 防止病原菌产生耐药性　所谓细菌的耐药性，是指细菌多次与药物接触后，对药物的敏感性减小甚至消失，致使药物对耐药菌的疗效降低甚至无效。同自然界其他生物一样，细菌的基因也在进化中随机发生突变。对抗生素敏感的细菌被杀死了，而基因突变后不敏感的细菌则可能存活下来，经过一次次的"遭遇战"，存活下来的细菌都积累了丰富的"战斗经验"，成为变异的品种。

针对畜牧养殖当中细菌耐药性的产生，需要有效控制畜牧养殖中耐药性问题。抗菌药物耐药性日益严重的主要原因就是在畜牧养殖当中滥用抗生素，这和畜牧兽医工作者以及养殖户的责任意识存在着必然的联系。合理地使用相关的抗生素，首先必须确定引起感染的病原体，然后选择具有相对的抗菌谱和敏感性较高的药物进行给药，避免盲目地选择抗菌药物进行治疗。同时需要避免长期使用大剂量的抗生素进行治疗，特别是在饲料当中长期添加相关的抗菌药物。

此外要加强饲养管理和辅助治疗，养殖户在养殖过程中应该合理地对养殖场进行规划。在日常的喂养过程当中，需要在饲料当中添加一些益生素和一些中药免疫增强剂，能有效增强动物的免疫能力，降低动物的发病率，可以在一定程度上减少对抗菌药物的使用。同时需要采用中药机制或者补充电解质等多种方法进行辅助治疗，从根本上取得较好的治疗效果。

8. 疫苗接种期内慎用药物　在接种弱毒活疫（菌）苗前后 5d 内，禁止使用对疫苗敏感的药物、抗病毒药物，激素制剂（如地塞米松、氢化可的松等），并避免用消毒剂饮水，以防将活的细菌和疫苗病毒杀死或抑制，从而造成免疫失败。在疫苗接种期可选用抗应激和提高免疫能力的药，如维生素类、高效微量元素及某些具有免疫促进作用的中药制剂等，以提高免疫效果。

第五节　驱　　虫

驱虫在规模化养殖场的防疫体系中，是建立生物安全体系、提高动物健康水平的重要措施之一。定期驱除体内外寄生虫是避免各种疾病的传播和提高饲料转化率的重要措施。

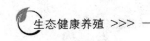

一、猪场驱虫

1. 控制猪场寄生虫的方法 阻断寄生虫从母猪垂直向仔猪传播，因此母猪在产前15～20d必须驱虫。防止猪在生长育肥期间再感染，必须每2个月驱虫1次。环境条件好的猪场，可以只进行春秋两季驱虫。

2. 常用驱虫药物 理想的驱虫药物必须在高效、低廉、广谱的基础上，做到使用剂量小、适口性好、使用方便、价格低廉、猪体内残留量低等。伊维菌素、阿维菌素是新一代的抗生素驱虫药物，对肠道寄生虫有较好的驱杀效果，且对猪疥螨也有良好的杀灭能力。

3. 驱虫注意事项 猪寄生虫病的防治，应以防为主，防治结合，在实际生产中养殖者和兽医应为猪场选定最佳的驱虫策略，因地制宜地为猪场提供科学的清除寄生虫的方案。给猪驱虫时，应仔细观察，若出现中毒，如呕吐、腹泻等症状，应立即将猪赶出栏舍，让其自由活动，以缓解中毒症状，必要时可注射肾上腺素、阿托品等药进行解救。

4. 除虫 要扑灭寄生虫，仅靠驱虫是不行的，几乎所有的驱虫药都不能杀死寄生虫卵，驱虫后虫卵随粪便排出体外，这些粪便如果不及时进行无害化处理，就会污染外界环境，成为新的污染源重复感染。猪驱虫后应将粪便清扫干净堆积起来发酵，进行焚烧或深埋等无害化处理，驱虫后排出的粪便最经济的无害化处理方法是将粪便、垫草等集中倒入储粪池内，表面铺一层干粪和杂草，最后上面盖一层湿土封好，经1～3个月发酵后，粪便即可用作肥料。粪便在发酵的过程中，发酵池内的温度可达到60～70℃，既能杀灭寄生虫虫卵又能杀死一般性病原体。舍内地面、墙壁、饲槽应使用10％～20％的石灰乳或10％～20％的漂白粉液消毒，以杀灭寄生虫虫卵，减少二次感染的机会。

二、鸡场驱虫

鸡驱虫能有效地预防鸡的各种肠道寄生虫，确保鸡群健康生长。鸡驱虫还能减少饲料浪费，降低饲养成本，定期给鸡驱虫是蛋鸡饲养管理中重要环节。寄生在鸡体内的寄生虫有滴虫、球虫、蛔虫等，这些寄生虫能使鸡体消瘦、食欲不振、腹泻，生长缓慢，造成产蛋量下降，甚至引起死亡。所以要定期驱虫，加强防治措施，增加经济效益。

鸡场驱虫的关键是搞好鸡舍环境卫生，鸡驱虫后应彻底清扫鸡舍内粪便。选择驱虫范围广的药物，尽量采用小剂量且又能群体驱虫的药物，可防治虫体产生耐药性，提高杀虫效果。鸡驱虫一般进行2次比较适宜，第1次鸡驱虫在7～8周龄进行，第2次鸡驱虫在开产前17～19周龄进行。

散养土鸡寄生虫病防治应以预防为主。无论发生哪种寄生虫病，都会给生产带来巨大损失。除了药物防治外，还应加强管理，控制好温度、湿度、通风、光照等。此外对散养环境做好消毒，对鸡粪也要清扫和堆积发酵，杀灭粪便中的寄生虫卵，防止重复感染。

三、牛场驱虫

牛驱虫保健是牛保健预防中的重要环节，定期预防性驱虫可促进后备牛生长发育，预防牛传染性疾病的发生。牛驱虫程序的制订主要是为了彻底清除牛体上的寄生虫，因为寄生虫具有繁殖性强、数量多的特点，想要彻底清除比较困难，所以必须制订一套完整的驱虫程序，以保证牛群的健康。

1. 正确选择驱虫药物 目前，常用的驱虫药物有伊维菌素等，妊娠牛可用。这些药物的特点是抗虫谱广，对绝大多数线虫、外寄生虫等都有很强的驱杀效果，而且低毒、安全。

2. 掌握正确的驱虫时间 每年对全群驱虫 2 次。2—3 月采取幼虫驱虫，阻止春季幼虫高潮的出现；8—9 月驱虫，防止成虫秋季高潮出现和减少幼虫的冬季高潮。对于寄生虫发生严重的地区，在 5—6 月可再增加驱虫 1 次，避免在冬春季节发生体表寄生虫病。

断乳前后的犊牛因营养应激，易受寄生虫侵害，此时要进行保护性驱虫，保护其正常生长发育。2～3 月龄和 6 月龄的犊牛、新进的奶牛、感染寄生虫的病牛等需要驱虫。根据当地奶牛寄生虫病流行病学调查结果，针对感染率高的寄生虫病进行驱虫效果较好。

母牛在接近分娩时进行产前驱虫，避免产后 4～8 周粪便中虫卵增多。在寄生虫污染严重的地区必须在产后 3～4 周进行驱虫。对购买的架子牛要进行育肥的也需要进行保健性驱虫。

3. 驱虫方法 阿维菌素有针剂、粉剂、片剂等剂型。针剂为皮下注射，切勿肌内注射和静脉注射，每 5kg 体重用药 1mg。粉剂为灌服或拌料，每 5kg 体重用药 1.5mg。需要口服的驱虫药物最好直接人工灌服，确保每头牛饲喂到位，谨防过多或者过少，以保证驱虫效果。

4. 注意事项 驱虫前需要挑选干奶牛、后备牛各 1 头，分别按剂量用药后观察一定时间，确定药物安全、有效，无明显副作用后，再进行大群投药驱虫。牛群有吸虫、绦虫感染时，还需要选用丙硫苯咪唑进行驱虫。妊娠牛用药应严格控制剂量，按正常剂量的 2/3 给药。牛用药后 14d 方可宰杀食用，且用药后 21d 内生产的牛奶不得饮用。驱除牛体表寄生虫后 7～10d 重复用药 1 次，以巩固疗效。

为了充分发挥药效，要根据实际情况配合用药，可以在上午饲喂前驱虫，并在用药后或同时用盐类泻药，以便使麻痹的虫体和残留在胃肠道内的驱虫药排出，这样能收到更好的效果。对牛排出的粪便、垫料等要进行堆积发酵或无害化处理，以避免虫卵的感染。对牛的圈舍和运动场要定期清理，搞好环境卫生。严格按照驱虫药使用说明用药，控制使用量。同时，防止使用过多药物造成中毒或者流产、早产等，保证牛安全。所有泌乳牛按药物休药期进行推算驱虫，保证牛奶等质量安全。部分在泌乳期可以使用的驱虫药物，应按照国家相关规定使用。牛驱虫后必须对驱过虫的牛跟踪观察 48h，同时，备有必要的防过敏措施和急救方案。驱虫药使用后要备足清洁、适量的饮水，这也是日常必须做好的工作之一。驱虫期一般为 6d，要在固定地点饲喂圈养，以便对场地进行清理和消毒。要注意观察牛群的采食、排泄及精神状况，应待整体的牛稳定后再进行驱虫和健胃。

第六节　疫病监测

疫病监测是指采用流行病学、血清学、病原学等监测方法，通过主动监测、被动监测、随机监测、非随机监测等方式，系统有计划地收集动物疫病发生、流行、分布及相关

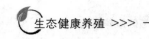

因素等信息，经过分析评估，把握其发生发展趋势，以便及时采取预防措施。养殖场应根据主要疫病流行病学规律、历史疫情发生情况和当前疫情流行情况，确定监测病种，制订监测方案，实施疫病监测。

一、日常监测

（一）流行病学监测

流行病学监测（epidemiological surveillance）又称疾病监测（surveillance of diseases），有系统的疾病监测工作于 20 世纪 40 年代末开始于美国疾病控制与预防中心（CDC）。1968 年第 21 届世界卫生大会（WHA）讨论了国家和国际传染病监测问题。70年代以后，许多国家广泛开展监测，观察传染病疫情动态，以后又扩展到非传染病，并评价预防措施和防病效果，而且逐渐从单纯的生物医学角度发展为向生物-心理-社会方面进行监测。

养殖场的动物疫情监测是有计划、持续地收集流行病学信息，开展流行病学调查，并定期分析疫病发生与流行风险，为防疫提供依据。当周边发生疫情时，要及时开展紧急监测和流行病学调查，通过监测本场动物的抗体消长及周边养殖场的发病情况，评估风险因素和扩散趋势，及时做出反应，迅速采取果断封锁、严格消毒等措施，防止疫病的发生。

（二）血清学监测

血清学鉴定是采用含有已知特异性抗体的免疫血清（诊断血清）与分离培养出的未知纯种细菌或标本中的抗原进行血清学反应，以确定病原菌的种或型，是养殖场疫病抗体检测的主要技术手段。在动物防疫中，抗体监测不但用来衡量动物防疫的成效，而且对流行病学调查和血样检查具有重要意义。对于非免动物群体，针对某种疫病，定期进行抗体检测，根据抗体性质及抗体水平，预估这种疫病是否存在暴发、传播的风险，以便采取相应的防控措施。

1. 血样的采集 血样的采集和样本的质量是准确监测的重要保障。不同动物的采样部位和采样方法有很大的差别，熟练掌握正确的采血方法，科学采样，是血样样本质量的保证。采血时根据动物的不同采用合适的采血器针头，血液不能直冲管底或滴入管底，尽量避免震荡，防止溶血影响血清效果。同时还要掌握好采血时间与免疫日期的间隔，保证疫苗接种后在动物体内产生抗体并达到一个稳定水平。

禽类的采血方法通常采用心脏采血和禽翅静脉采血。心脏采血在心搏明显处或胸骨前端至背部下凹处连线的 1/2 处，针尖与皮肤垂直或向前内方刺入大于 2cm 即可。品种和个体大小不同进针位置和深度要做适当调整。心脏采血可大量采血，但不宜连续使用，特别对于雏禽，常因针头刺破心脏导致出血过多而死亡，而且心脏的修复能力特别差，对禽类后期影响较大。翅静脉采血是从禽翼下静脉无血管处向静脉刺入，见有少量回血即可采集血液，采血后马上用棉球压住伤口止血。成年禽翅静脉采血对禽类的伤害较小，是常用的采血方式。

猪采血有耳静脉采血和前腔静脉采血两种方式。耳静脉采血时猪站立或横卧保定，用力压耳静脉的近心端，用手指轻弹或用酒精棉球反复涂擦耳静脉，使血管充分鼓胀。将针头沿静脉血管方向，与皮肤呈30°～45°刺入血管内，轻轻抽动针头至回血后立即采血，完毕后用酒精棉球按压并拔出针头。前腔静脉采血需要采用仰卧保定方式，两后肢尽量向后牵引，头部贴地，使两前肢与体中线基本垂直，两侧第1对肋骨与胸骨结合处的前侧呈2个明显的凹陷窝。在右侧凹陷窝，由上而下稍微偏向中央及胸腔刺入针头，见有回血即可采集，采血完毕后用酒精棉球按压并拔出针头。对于中、大猪也可以采用站立式保定方法进行采血，此时需要专用的保定器，采血方法与仰卧式保定一致。

马、牛、羊等大家畜通常采用颈静脉采血，在颈上1/3与颈中1/3交界处的颈静脉沟内进行采血。牛也可采用尾静脉采血，在牛尾根后下方4～5cm的正中采血。奶牛也可以采用乳房静脉采血，牛腹部可见明显隆起的乳房静脉，在静脉隆起处用一次性采血器针头向后退方向快速刺入采血，完毕后用酒精棉球按压并拔出针头。

2. 血清的分离 采集后的血液及时进行血清分离，收集血清用于抗体的检测。血清的分离方法有自然析出和利用离心机分离两种。自然析出是指采集后的血液样品在室温下静置2～4h（防止暴晒），也可以放于37℃恒温箱中1h，待血液凝固后分离血清。离心机分离方法是将血液在室温下静置30min，待血液凝固后在2 000～3 000r/min的转速下离心5～10min，上清液即为血清。

分离的血清若不能及时检测，应保存在2～8℃冰箱中，可保存15d。若需长期保存，应保存在－20℃冰箱中。需要运输的血清应放在装有冰袋并且保存于4℃的保温瓶内运输，且不能剧烈震荡。

3. 抗体的检测 采集的血液样本经分离得到血清后进行抗体水平的检测。根据养殖场制订的监测方案中的监测病种，定性、定量监测该病种的抗体滴度，以判断该病种在养殖场的存在情况和评估可能发生的风险。抗体检测的方法有很多种，常用的有血凝试验（HA）或血凝抑制试验（HI）、平板凝集试验、试管凝集试验、琼脂免疫扩散试验和酶联免疫吸附（ELISA）等。随着分子生物学技术和免疫学技术的发展，抗体检测的水平也不断提高，检测方法更加多元化，操作更加简便，检测结果更加准确。

（三）病原学监测

开展病原学监测可以掌握动物疫情动态和病原分布情况。开展病原学的检查不仅限于对本场动物的病原学监测，对于外来动物病原学的检测也更为重要。近年来，随着人民生活水平的不断提高，肉食品需求量不断增加，规模养殖场纷纷兴建，为提高饲料转化率，增加养殖收益，各规模场纷纷引进优良品种。动物市场流通的加快，动物疫病传播的途径和速度也随之增大，养殖行业风险不断提高。除国家级良种繁育基地外，各大型规模场的防护措施并不能完全隔离疫病病毒的传入，养殖净土很少。如果不对外调种畜在启用前进行病原学监测，外调进来的种畜带毒的概率成倍增大，会严重危害人体健康和畜牧业健康发展。因此，在外调动物，特别是种用动物时，必须提前到调运地点对需要调运的动物严格按照相关规定进行隔离观察，并对该批动物进行重大动物疫病、传染性疾病、人畜共患病病原学监测，病原学监测结果出来后，在确保种用动物不携带任何影响健康养殖的病毒时，开具检疫证明、办理调运手续，按规定进行调运，科学养殖，提高经济效益。

对于活的动物，主要采集动物血液、尿液、粪便等进行检测。对于病死动物，主要采集心、脑、肝、脾、肺、肾等组织。根据检测目标和检测标准，规范采集样品。做病毒、细菌检验的组织样品，必须以无菌技术采集。所采集的样品应以最快最直接的途径送往实验室检测，最好在 24h 内进行检查，样品可以保存在 4℃ 左右的容器中。如果超过 24h 检测，则在不影响检测结果的情况下才可以将样品进行冷冻。一般病原学检测方法主要有病毒分离鉴定试验、细菌分离鉴定试验、反转录聚合酶链式反应（PCR）等技术，一般的养殖场无法完成这类检测，需要送到有资质的检测机构进行检测。

二、免疫净化

在杜绝养殖场外病原体传入的基础上，针对动物生产中影响较大的慢性传染病，如鸡白痢、支原体病、牛布鲁氏菌病、结核菌病等，对非免疫鸡群、牛群定期开展抗体检测，发现特异抗体阳性动物，采取淘汰、隔离、消毒等综合防控措施，净化动物群体。

免疫净化是一项长期的系统工程，必须具备良好的隔离、消毒等设施设备并保持正常运行，建立严密的引种、隔离、卫生、消毒、生物安全处理等制度并严格落实，加强饲养管理，提供优质的饲料和舒适的环境，并坚持数年实施检疫淘汰，才能达到免疫净化的目的。

第七节　废弃物生物安全处理

生物安全处理（hiosafety disposal）是通过焚烧、化制、掩埋或其他物理、化学、生物学等方法将病害动物尸体和病害动物产品或附属物进行处理，以彻底消灭其所携带的病原体，达到消除病害因素，保障人畜健康安全的目的。除了粪便污水（详见第七章）外，养殖场还有病死动物、医疗废弃物等。这些废弃物都可能携带病原微生物，需要采取物理、化学、生物等方法进行处理，彻底杀灭其所携带的病原微生物，最大限度地消除病害生物安全风险。

一、病死动物生物安全处理

若不对病死动物进行规范处理，不但会造成环境污染，而且会导致疫病暴发和流行，甚至会导致公共卫生事件。2013 年 3 月上海黄浦江松江段水域出现大量漂浮死猪的情况，这次耸动海内外的死猪漂浮事件，除了提醒人们反省在治理环境方面，急需建立省市区三级联动机制，以便针对突发事件快速反应，平息负面社会影响，防止污染扩大外，也给养殖企业敲响了警钟。死亡动物生物安全处理工作至关重要，必须严格按照生物安全处理规程进行处理。严禁随意丢弃，严禁出售或作为饲料再利用。一般对死亡动物处理方法有焚毁、掩埋、高温化制、发酵处理等。2013 年，为规范病死动物尸体及相关动物产品无害化处理操作技术，预防重大动物疫病，维护动物产品质量安全，依据《中华人民共和国动物防疫法》及有关法律法规，农业部制定了《病死动物无害化处理技术规范》。规范中规定了病死动物尸体及相关动物产品无害化处理方法的技术工艺和操作注意事项，以及在处理过程中包装、暂存、运输、人员防护和无害化处理记录要求，为病死动物无害化处理提供了标准依据。

（一）死亡动物的收集

养殖场要配备封闭式病死动物运输专用工具，装前卸后必须要消毒。例如，鸡场可以配备大小适当的可密封关闭的塑料桶，备有塑料袋等，捡出的死鸡要用塑料袋装好并扎口，存入塑料桶中并关闭桶盖，放到鸡舍靠近脏道的一端门口；鸡场指定固定人员定时到各个鸡舍收集死鸡连同塑料桶一起收走，送回消毒后的塑料桶，并履行交接手续。除鸡舍饲养员等捡拾人员要洗手消毒外，还必须对暂放场所和塑料桶、小推车、塑料袋等相关器具进行规范性消毒。收集的死亡动物运送到指定地点，按照指定的方式进行处理。

（二）死亡动物的处理

1. 焚毁 焚烧（毁）法是指在焚烧容器内，使动物尸体及相关动物产品在富氧或无氧条件下进行氧化反应或热解反应的方法。通常将病害动物尸体、病害动物产品投入焚化炉或用其他方式烧毁碳化。确认为口蹄疫、猪水疱病、猪瘟、非洲猪瘟、非洲马瘟、牛瘟、牛传染性胸膜肺炎、牛海绵状脑病、痒病、绵羊梅迪-维斯那病、蓝舌病、小反刍兽疫、绵羊痘和山羊痘、山羊关节炎脑炎、高致病性禽流感、鸡新城疫、炭疽、鼻疽、狂犬病、羊快疫、羊肠毒血症、肉毒梭菌中毒症、羊猝狙、马传染性贫血病、猪密螺旋体痢疾、猪囊尾蚴、急性猪丹毒、钩端螺旋体病（已黄染肉尸）、布鲁氏菌病、结核病、鸭瘟、兔病毒性出血症、野兔热的染疫动物以及其他严重危害人畜健康的病害动物及其产品必须焚毁。对于病死、毒死或不明死因动物的尸体以及人工接种病原微生物或进行药物试验的病害动物和病害动物产品也应采取焚毁的方式进行销毁。

2. 掩埋 掩埋法是指按照相关规定，将动物尸体及相关动物产品投入化尸窖或掩埋坑中并覆盖、消毒，发酵或分解动物尸体及相关动物产品的方法。患有炭疽等芽孢杆菌类疫病，以及牛海绵状脑病、痒病的染疫动物及产品、组织不适用于掩埋的处理方法。具体掩埋要求如下：

（1）掩埋地应远离学校、公共场所、居民住宅区、村庄、动物饲养和屠宰场所、饮用水源地、河流等地区。

（2）掩埋前应对需掩埋的病害动物尸体和病害动物产品实施焚烧处理。

（3）掩埋坑底铺 2cm 厚生石灰。

（4）掩埋后需将掩埋土夯实，病害动物尸体和病害动物产品上层应距地表 1.5m 以上。

（5）焚烧后的病害动物尸体和病害动物产品表面，以及掩埋后的地表环境应使用有效消毒药喷洒消毒。

3. 化制法 化制法是指在密闭的高压容器内，通过向容器夹层或容器通入高温饱和蒸汽，在干热、压力或高温、压力的作用下，处理动物尸体及相关动物产品的方法。对于一类动物疫病和其他普通疾病造成死亡动物的整个尸体或胴体、内脏等可利用干化、湿化机，将原料分类，分别投入化制。

死亡动物本身营养成分丰富，蛋白质含量高，具有较高的利用价值，采取科学合理加工处理工艺，通过高温高压对死亡动物进行彻底杀毒灭菌处理，可获得高蛋白质含量的肉骨粉，但必须做到工艺科学合理，操作规范严谨，消毒严格彻底。

4. 发酵处理 发酵法是将动物尸体及相关动物产品与稻糠、木屑等辅料按要求摆放，

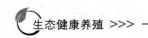

利用动物尸体及相关动物产品产生的生物热或加入特定生物制剂，发酵或分解动物尸体及相关动物产品的方法。本法适合小动物如鸡等的无害化处理。生物发酵的过程中经常采用生物发酵与化学消毒相结合的方法对死亡动物进行处理。例如对死鸡进行发酵处理时，将死鸡尸体投入防渗密闭的发酵池中，经微生物发酵分解，并定期对发酵池及其内部发酵分解物进行消毒。夏季发酵时间不少于2个月，冬季发酵时间不少于3个月。由于发酵无害化处理死亡动物尸体需要的时间长，虽然发酵池可以循环使用，但对于养殖场来说总体发酵费用高于其他方法，因此很多养殖场不采用发酵法进行无害化处理。

二、其他废弃物生物安全处理

其他废弃物处理除诊疗废弃物外，对于禽类养殖场，还有孵化废弃物需要处理。

1. 诊疗废弃物　养殖场的诊疗废弃物主要有解剖的动物尸体、检测样品、病原体的培养基、废弃血液样品等兽医实验室废弃物，这些首先在实验室进行压力蒸汽灭菌或者化学消毒处理，然后按生产废弃物收集处理。开启和稀释后而当天没有用完的疫苗、用完的疫苗瓶和用过的酒精棉球等免疫和诊疗废弃物，应在实验室进行压力蒸汽灭菌或蒸煮消毒处理。

2. 孵化废弃物　孵化废弃物主要有死胚、毛蛋、死雏、蛋壳等。每次照蛋挑出的死胚蛋，以及每次出雏捡出的毛蛋、死雏和弱雏，都应及时分别用塑料袋密封并及时由专门的人员运走，运走后及时对暂放场所进行消毒。对于死胚、毛蛋、死雏和弱雏的处理可与病死鸡一起采用焚烧、高温化制等方式处理。出雏后的蛋壳应分别捡出，密封后运往处理场所，采取蒸煮、热喷等方法进行处理。由于蛋壳中包含蛋膜、蛋白残留物，除含有34%左右钙外，还含有7%左右蛋白质和0.1%左右磷，具有较高的利用价值，经杀毒灭菌、干燥、粉碎后，即得到蛋壳粉。

第八节　动物的疫病防治与保健

养殖场生物安全依靠养殖场疫病的综合防控管理技术来实施。重大动物疫病与畜牧业发展、自然生态保护、人类健康关系十分密切。近几年来国际重大动物疫情发展迅速，形势严峻，不但造成了大批畜禽死亡和畜产品损失，影响人类生活和对外贸易，而且一些人畜共患病还给人类健康和生态环境带来严重威胁。因此在动物综合防控管理方面，必须建立以预防为主，防检结合，以检促防的畜禽疫病防治机制，消除疫病发生的隐患。

本章以奶牛场的综合防控管理为例，从奶牛的疫病防治与保健方面说明如何对养殖场进行疫病综合防控管理。

一、奶牛疫病防控

（一）基本原则

奶牛疾病控制的基本原则是以防为主、防重于治，坚持自繁自养的原则，防止疫病的传入。

认真执行计划免疫，定期进行预防接种。对主要疫病进行疫情监测，遵循"早、快、严、小"的处理原则，及早发现、及时处理动物疫病。

采取严格的综合性防治措施，迅速扑灭疫情，防止疫情扩散。对奶牛场除了做到疫病监控和防治外，还要加强奶牛的保健工作。

（二）防控措施

奶牛的疫病监控与防治措施，通常分为预防性和扑灭性措施。预防是关键、是基础，扑灭是补救，是对健康动物的保护性措施。防控措施的核心是预防，应针对传染病流行过程的传染源、传播途径和易感动物这 3 个环节，查明和消灭传染源，切断传播途径，提高奶牛对疫病的抵抗能力。

1. 牛场的选址与建设　牛场场址的选择，要用长远发展的眼光周密考虑，统筹安排，目的是给牛创造舒适的生活与生产环境，保障牛的健康和生产的正常进行。

牛场要求地势要高，地下水位低，平坦、开阔，避风向阳，具有足够的面积，同时还要考虑有一定发展的余地。场地的土壤要求透水性、透气性好，吸湿性、导热性小，保温良好，最合适的是沙壤土。牛场水源充足，水源周围环境条件好，没有污染源，水质良好，符合畜禽饮用水标准。牛场与居民区距离保持 300m 以上，与其他养殖场距离保持 500m 以上，与交通主干线距离不少于 500m。

选好场址后按照生产功能，可划分为若干区域，各区域合理布局，以降低基建投资，提高劳动效率，便于防火和卫生防疫。

2. 建立兽医卫生制度　非本场人员和车辆未经兽医部门同意不准随意进入生产区；生产区入口消毒池内置 3％～5％来苏儿、生石灰粉等。消毒药物需定期更换，以保证正常药效。工作人员的工作服、工具要保持清洁，经常清洗消毒，不得带出生产区。

牛床、运动场及周围每天要进行牛粪及其他污物的清理工作，并建立符合环保要求的牛粪尿与污水处理系统。每个季度大扫除、大消毒 1 次。病牛舍、产房、隔离牛舍等需要每天进行清扫和消毒。

对治疗无效的病牛或死亡的牛，主管兽医要填写淘汰报告或申请剖检报告，上报兽医主管部门，同意签字后方能淘汰或剖检。

场内严禁饲养其他畜禽，禁止将市售畜禽及其产品带入生产区。

每年春、夏、秋季，都要进行大范围的灭蚊、蝇及吸血昆虫的工作，以降低虫害所造成的损失。

建立兽医档案记录、登记统计表及日记簿：牛的病史卡、疾病统计表、疫病检测结果表、病牛的尸体剖检申请表及尸体剖检结果等。

员工每年进行 1 次健康检查，发现结核病、布鲁氏菌病及其他传染病的患者，应及时调离生产区。新来人员必须进行健康检查，证实无传染病时方可上岗工作。

（三）疫情监测

（1）牛场应该每年开展 2 次以上布鲁氏菌病、结核病的监测工作，要求对适龄奶牛的监测率达 100％。

（2）初生犊牛应于 20～30 日龄时，用提纯结核菌素皮内注射法进行第 1 次监测。假定健康牛群的犊牛除隔离饲养外，并于 100～200 日龄进行第 2 次监测。凡检出的阳性牛应立即及时淘汰处理，有疑似反应者，隔离后 30d 进行复检，复检为阳性牛应立即淘汰，若结果仍为可疑反应时，经 30～45d 后再复检，如仍为疑似反应，则判为阳性。

（3）布鲁氏菌病每年监测率100％，凡检出阳性牛应立即处理，对疑似反应牛必须进行复检，连续2次为疑似反应者，应判为阳性。犊牛在80～90日龄时进行第1次监测，6月龄进行第2次监测，均为阴性者，方可转入健康牛群。

（4）购买和运输牛时，须持有当地动物防疫监督机构签发的有效检疫证明，方准运出，禁止将病牛出售及运出疫区。由外地引进奶牛时，必须在当地进行布鲁氏菌病、结核病检疫，呈阴性者，凭当地防疫监督机构签发的有效检疫证明方可引进。入场后，隔离观察1个月，经布鲁氏菌病、结核病检疫呈阴性者，方可转入健康牛群。

（四）免疫监测与接种

1. 免疫检测　利用血清学方法，对某些疫苗免疫动物在免疫接种前后的抗体跟踪检测，以确定接种时间和免疫效果。在免疫前有无相应抗体及其水平，以便掌握合理的免疫时间，避免重复和失误。在免疫后，监测是为了了解免疫效果，如不理想可查找原因，进行重免；有时还可及时发现疫情，尽快采取扑灭措施。如定期开展牛口蹄疫等疫病的免疫抗体监测，可及时修改免疫程序，提高疫苗保护率等。

2. 免疫接种　牛常用免疫程序：每年5月或10月对全牛群进行1次无毒炭疽芽孢苗的免疫注射。按照免疫程序，定期开展牛口蹄疫疫苗免疫，一般是每隔4～5个月进行1次灭活苗免疫注射。必须严格执行各级动物防疫监督机构有关免疫接种的规定，以预防地区性多发传染病的发生和传播。当牛群受到某些传染病的威胁时，应及时采用有国家正规批准文号的生物制品，如抗炭疽血清、抗气肿疽血清、抗出血性败血症血清等进行紧急免疫，以治疗病牛及防止疫病进一步扩散。

（五）疫病的扑灭措施

1. 疫情报告　当暴发国家规定报告的一些动物传染病时，要立即向当地动物防疫监督机构报告疫情，包括发病时间、地点、发病及死亡动物数、临床症状、剖检变化、初检病名及防治情况等。

2. 对发病动物群迅速隔离　在暴发严重的传染病，如口蹄疫、炭疽等时，则应采取封锁措施。

3. 污染物处理　对患病动物的垫草、饲料、用具、动物笼舍、运动场以及粪尿等，应进行严格消毒。对死亡动物和淘汰动物，应按《中华人民共和国动物防疫法》中的规定进行处理。

4. 寄生虫的预防　寄生虫种类多，生物学特性各异。牛寄生虫病的防治应根据地理环境、自然条件的不同，采取综合防治措施。根据饲养环境需要，每年可对牛群用药物进行1～2次驱虫工作。在温暖季节，如发现牛体上有蜱等寄生虫时，应及时用杀虫药物进行杀虫。

（六）消毒的方法与实施

1. 消毒方法

（1）机械性消毒。主要是通过清扫、洗刷、通风、过滤等机械方法消除病原体。这是一种普通而又常用的方法，但不能达到彻底消毒的目的，只能是一种辅助方法，需要与其他消毒方法配合进行。

（2）物理消毒。采用阳光、紫外线、干燥、高温等方法，杀灭细菌、病毒。

（3）化学消毒法。用化学药物杀灭病原体的方法，在防疫工作中最为常选用消毒药，应考虑杀菌谱广，有效浓度低，作用快，效果好；对人畜无毒无害；性质稳定，易溶于水，不受有机物和其他物理变化因素影响；使用方便，价格低廉，易于推广；无味、无臭，不损坏被消毒物品，使用后残留量少或副作用小等方面。

消毒药根据化学成分可分为以下几种：

酚类消毒药：苯酚、来苏儿、复合酚等。

醛类消毒药：甲醛溶液、戊二醛等。

碱类消毒药：氢氧化钠、生石灰、草木灰水等。

含氯消毒药：漂白粉、次氯酸钙等。

过氧化物消毒药：过氧化氢、过氧乙酸、高锰酸钾、臭氧。

季铵盐类消毒药：新洁尔灭、氯己定等。

（4）生物消毒法。在兽医防疫实践中，常将被污染的粪便堆积发酵，经过 1～2 个月，利用嗜热细菌繁殖时产生高达 70℃以上的热即可将病毒、细菌（芽孢除外）、寄生虫卵等病原体杀死，既达到了消毒的目的，又保持了肥效。但本方法不适用于炭疽、气肿疽等芽孢病原体引起的疫病，这类疫病的粪便应经焚烧或深埋。

2. 消毒的实施

（1）定期消毒。1 年内进行 2～4 次，至少春秋两季各进行 1 次。奶牛舍内的一切用具应每月消毒 1 次。加强对牛舍地面及粪尿沟、饲养管理用具、牛栏、牛床、奶具、运动场、饮水池等的卫生管理，定期清扫、冲洗和消毒。

（2）临时性消毒。牛群中检出并剔除结核病、布鲁氏菌病或其他疫病牛后，须对有关牛舍、用具及运动场进行临时性消毒。

布鲁氏菌病牛发生流产时，必须对流产物及污染的地点和用具进行彻底消毒。病牛的粪便应堆积在距离牛舍较远的地方，进行生物热发酵后，方可充当肥料。

二、奶牛的保健

1. 责任保健 选用有责任心的饲养人员，对奶牛群体实施动态观察、触摸、嗅闻的综合性保健工作。添料时检查草料有无腐败变质现象，饮水是否清洁，采食量是否正常。粪便的颜色与稀薄度等，观察奶牛的精神状态、腹围大小，乳房与乳头是否异样等。若有异常反应及时报告，及时处理，保障群体的健康。

2. 营养保健

（1）优质干草（青干草）。饲喂奶牛的干草大多是干玉米秸秆，营养价值低，选择苜蓿干草饲喂能提高奶牛干物质的采食量和日粮粗蛋白质水平。奶牛饲喂粗蛋白含量 18%以上的优质苜蓿干草，可以在减少精饲料的情况下，仍能使奶牛日粮粗蛋白质含量达到 18%。既保证奶牛高产所需的蛋白质水平，又可以降低因精饲料投入过多导致的成本提高和诱发慢性酸中毒，能改善日粮纤维结构和提高乳脂率。

（2）新鲜青草。口感是影响奶牛采食的一个重要标准，草的味道能吸引奶牛。如小叶樟，有一股清香味。羊草也是奶牛的美味。这些牛爱吃的草，蛋白质和能量含量都比较高，而纤维含量又低，牛采食以后能很快就能消化。牛能吃到爱吃的草，不仅保证了高产奶牛的产奶量，还能提高牛奶的营养水平。吃青草能提高牛奶的维生素含量。

（3）多汁类饲料。多汁类饲料有块根、块茎和瓜类。含水量高达70%～90%，干物质中糖和淀粉含量较多，维生素含量少。含有一定量的矿物质，多钾，少钙、磷、钠，含有维生素。这类饲料适口性强，消化率高达80%～90%。是奶牛最爱吃的一类饲料，也是提高产奶量，提高养乳畜经济效益的重要饲料。例如，饲用甜菜的干物质中糖类占5%～6%，蛋白质1%～2%，维生素含量少，矿物质中钾盐较多。胡萝卜富含胡萝卜素，干物质含量占13%左右，多是可溶性糖类，纤维素含量较少，蛋白质含量不多，是优质多汁饲料。此外还有马铃薯、瓜类等多汁类饲料是促进乳畜泌乳的极好饲料，喂奶牛时，应先洗净、切碎，然后再喂。

（4）精饲料。精饲料是配合饲料，根据每日奶牛干物质采食量将各种营养需要量换算为占日粮干物质的百分比，或将饲料原料自然状态下的养分含量折算为干物质中的含量，扣除青粗饲料中的养分含量，通过计算，便可设计出合理的精饲料补充料配方，而后依照配方进行补充料供应。在精饲料喂量大的情况下，增加饲喂次数，以减缓瘤胃酸度的上升。控制每天精饲料喂量，每头不能超过12kg。

（5）秸秆发酵。青贮饲料就是把农作物秸秆（如玉米秆、禾秆、稻草、麦秆等），在收获后，直接切碎，给储存起来。密封的秸秆在厌氧环境中，都会有很多乳酸菌活动起来，进行发酵，它们抑制和杀死各种微生物，达到长时间保存青绿多汁的目的。青贮饲料比干草适口，营养价值高，适合奶牛采食。

秸秆微贮就是把农作物秸秆（如玉米秆、禾秆、稻草、麦秆等）加入微生物活性菌种，放入一定的容器（水泥池、土窖、缸、塑料袋等）中或地面发酵。经一定的发酵过程，农作物秸秆变成带有酸、香、酒味，家畜喜食的饲料。投喂发酵饲料时，要求槽内清洁，对冬季冻结的发酵饲料应加热化开后再用。

3. 运动保健　适当的户外运动，对奶牛适应外界环境以及稳产、高产、强身健体等有重要作用。每天上、下午到舍外活动2h以上，呼吸新鲜空气，增强奶牛抵抗病原微生物的能力，并能促进钙的吸收利用，对防治难产、产后瘫痪具有重要意义。

4. 环境保健　良好的饲养环境是保障奶牛正常生活和高产的重要条件。牛舍的光线充足、通风良好，并做到冬能保暖、夏能防暑，舍内温度9～18℃，相对湿度55%～70%。保证牛舍的排污通畅。

运动场要坚实，以细沙铺地，干燥无积水。夏季应搭建凉棚，以避免阳光直射牛体；冬季设立挡风设施，以避免风直吹牛体。

5. 预防保健

（1）定期驱虫。每到春秋两季，应定期对奶牛群体各驱虫1次（妊娠牛除外）。最简单的方法就是用1%阿维菌素注射液，每100kg体重肌内注射2mL，可有效驱除奶牛体内外的寄生虫。

（2）预防中毒。有些青饲料中含有有毒物质，如青饲料中的亚硝酸盐、草木樨中香豆素等，奶牛采食过量容易出现中毒，破坏免疫系统，抗病力下降。因此，杜绝饲用有毒植物、腐败饲料、变质酒糟、带毒饼粕以及被农药污染的谷实、草和饮水等。投放鼠药饵时要隐蔽，用后应及时清理干净，一旦发现中毒，应立即采取解毒措施。

（3）防止疫病传入。牛场远离交通要道、工厂和居民区，牛场规划要有利于防疫，牛舍和生产区入口要设有消毒池。进出的车辆、人员经消毒后方可出入，外来人员谢绝参观，加强灭鼠、蚊蝇及吸血昆虫等工作。引进奶牛时，要严格按照国家的检疫制度执行，建立完善的防疫体系，严格控制一切传染源。

（4）严格消毒制度。由于传染病的传播途径不同，所采取的消毒方法不同。以呼吸道传播的疾病，则应以空气消毒为主；以消化道传播的疾病，则应以饲料、饮水及饲养用具消毒为主；以节肢动物或啮齿类动物传播的疾病，则应以杀虫、灭鼠来达到切断传播途径的目的。

6. 免疫保健　奶牛的免疫保健要根据不同的牛场及当地的流行病学调查情况制订免疫计划和方案，有计划地接种疫苗。目前可以接种的疫苗主要有口蹄疫疫苗、伪狂犬病疫苗、牛痘疫苗、牛瘟、气肿疽疫苗、肉毒梭菌中毒症疫苗、破伤风疫苗、巴氏杆菌病疫苗、布鲁氏菌病疫苗、牛传染性胸膜肺炎疫苗、狂犬病疫苗、牛轮状病毒疫苗等。

7. 药物保健　采用有益微生物和中草药对奶牛进行保健，避免因使用化学品药物对奶牛进行保健和治疗导致的奶产品安全问题。

在奶牛日粮中添加一定数量的有益菌株，如芽孢杆菌属、双歧杆菌属、乳酸杆菌属、酵母菌属等，可代谢产生多种消化酶、B族维生素、氨基酸等营养物质，供机体利用，同时抑制了有害菌的滋生，维护了体内微生态的平衡。

当前奶牛发病率最高的是胃肠道疾病和乳腺炎，用化学药物治疗或预防，不但破坏瘤胃微生态平衡，而且可能在牛奶中残留。采用中草药对奶牛进行预防性保健可以减少疾病的发生。春季在奶牛日粮中添加一些抗病毒、清肝健脾、增强机体免疫的中草药，如大青叶、金银花、茵陈、香附、黄芪、白术、刺五加等，可以提高奶牛的免疫力。夏季潮湿闷热，气压低，奶牛采食量、产奶量均下降，个别奶牛甚至会出现中暑，可在奶牛日粮中添加消黄散、2倍量的维生素C等，可以有效降低奶牛的热应激。秋季气候多变，由于细菌、病毒和外界因素的不良影响而引起的上呼吸道疾病增多，在奶牛日粮中加入理肺散组方，可起到润肺平喘、镇咳化痰的功效，为奶牛健康越冬提供有力保障。冬季在奶牛饲料中适量加入功能性中草药，如茵陈、肉桂、附子、干姜等，经粉碎后加入饲料中饲喂，可起到温脾暖胃、理中散寒的功效，能有效预防冬季腹泻、风寒感冒等疾病的发生。

8. 个体保健

（1）围产期保健。奶牛生产时首先要做好产房的消毒工作。奶牛出现分娩预兆时要对奶牛的后躯及尾部进行有效消毒。掌握合适的助产时机帮助奶牛生产，并对产后母牛加强关注，对于胎衣滞留、子宫归复不全及患有子宫炎的母牛要及时治疗。对食欲不佳、体弱的个体母牛及时静脉注射葡萄糖及葡萄糖酸钙注射液，以增强体质。

（2）蹄部保健。改善牛舍环境卫生和饲养条件，保持干燥、清洁，并定期消毒。每年对牛蹄部进行1~2次检查，对增生的角质要修平，对腐烂、坏死的组织要及时消除并清理干净。在梅雨或潮湿的季节，应用3%甲醛溶液或10%硫酸铜溶液定期浸洗蹄部，预防蹄部感染。

（3）乳房保健。保持环境清洁卫生是预防奶牛乳腺炎发生的重要环节。奶牛场应时刻保持环境、牛舍、牛床和牛体的清洁，处理好牛粪、垫草、挤奶机及清洁奶牛乳房用的毛巾卫生。掌握正确的挤奶姿势和使用功能正常的挤奶机，遵守挤奶操作技术规范等都能很好地减少奶牛乳腺炎的发生。

第七章 | CHAPTER 7

生态健康养殖与环境健康

动物生活在自然环境中，时刻与其生活的自然环境之间发生着物质、能量以及微生物的交换，并维持着一种动态平衡的状态。动物通过不断调节机体的状态以适应环境条件的变化。如果环境条件的变化超出了动物机体的适应范围，动物机体的健康就会受到损害，动物处于亚健康的状态。目前的畜牧业发展追求的是高效益，于是大规模、高密度的饲养方式被广泛采用，以猪场为例，国家鼓励万头甚至 10 万头猪场的建设逐渐成为行业的主流，中小猪场很难在未来有立足之地。因此这种大规模的养殖带来的不仅仅是对动物群体本身健康的影响，同时对环境的压力也是巨大的，如何保持环境健康、维持生态平衡是目前面临的严峻问题。只有从物理化学因素、心理性因素、生物性因素等多方面来进行全面的优化，才能在控制传染源、阻断传播途径和提高动物抵抗力这 3 个疫病防控的关键性环节同时发挥保健作用，实现动物保健、提高生产性能和保护环境健康的目的。

第一节　环境健康概述

一、环境健康的概念

随着社会经济的飞速发展和人民生活质量的持续提升，环境健康问题受到全球各国的高度关注。严重的生态环境问题给人民群众带来了极大的健康危害，据世界卫生组织统计，在全球范围内 24％的疾病和 23％的死亡可归因于环境因素；从区域差异来看，发达国家只有 17％的死亡可归因于环境因素，而发展中国家则可达 25％。人类对环境制定了很多的规定及标准，以达到改善生活质量的目的。环境健康概念是基于人们对于环境的要求和环境的控制能力不断提高，为了改善生活质量而提出的。环境健康通常是指研究自然环境和生活环境与人群健康的关系，揭示环境因素对人群健康影响的发生、发展规律，为充分利用环境有益因素和控制环境有害因素提出卫生要求和预防对策，增进人体健康，提高整体人群健康水平的科学（陈连生等，2010）。

影响畜牧业环境健康的因素十分复杂，其中环境因素主要包括物理化学因素（主要指温度、湿度、空气流通、光照、空气质量等）、心理性因素（如畜牧场内动物的饲养密度、饲养方式、饲养管理措施、动物保健、种群社会地位的竞争、母仔分离等行为产生的心理应激等）和生物性因素（如养殖场的卫生条件差易导致的蚊虫、鼠以及一些有害微生物等）。这些不良因素导致的环境健康水平下降必然会使得动物处于亚健康状态，严重会导致动物群体生产水平下降，加快疫病的发生与传播速度，导致动物群体疾病高发，生产成绩低下。环境健康的主要内容就是对养殖场内外环境进行全面优化，为动物提供优良舒适的生活环境，减少环境因素对动物群体的应激和致病作用，加强动物保健，提高动物的整体健康水平，消除养殖场周围的环境污染，达到疫病防控、促进生长、保护动物健康以及生态环境的目的。

二、环境健康的必要性

从大的生境方面，我国目前是世界上主要的二氧化硫和二氧化碳排放国之一，土地沙漠化不断扩展，大气和水污染问题严重，同时面临耕地资源和生物多样性减少，森林资源严重损坏等问题。尽管我国已经在环境污染物治理方面取得了一定的进展，但与发达国家相比，在管理体制、标准建设和技术支撑方面还存在一定的差距。我国面临的生态环境问题是短期内集中体现和暴发的，环境污染问题表现为多样性、系统性、复杂性和潜在危险性与长期性的特点。从畜牧业的养殖角度看，由养殖业带来的环境健康压力与日俱增，除了众所周知的粪污排放对水体、土壤等造成的环境压力外，养殖环境恶劣已经成为我国养殖水平低下的主要根源问题。我国的养殖业经历了"重治疗"到"防治并重"，再到"防重于治"，直至"养重于防"的观念转变，其中的"养"就是让动物生活在一个良好的、适宜的环境中，提供均衡、全面的营养并加强饲养管理，依靠动物机体综合免疫力的提高来抵抗疫病的侵扰。我国除少数养殖场具有良好的养殖环境外，大部分养殖场环境较差，主要表现为规划设计不科学，夏季酷暑，冬季严寒，空气污浊，苍蝇、蚊虫、鼠等成灾，粪污管理措施不到位等，导致养殖环境健康水平低下。

目前养殖环境健康主要存在以下主要问题：

（一）恶劣的养殖环境增加动物疾病暴发的风险

一些养殖场不仅设施简陋，养殖观念上更为落后，很多养殖者对恶劣养殖条件对动物的危害没有清晰的认识。不良的畜舍环境容易使动物出现环境应激，进而对动物生理机能造成严重的负面影响。目前研究发现，环境应激可能导致机体的神经系统、循环系统、内分泌系统、免疫系统、呼吸系统、消化系统、泌尿系统等多个系统产生严重危害，从而影响激素的分泌。当动物处于环境应激条件下时，交感神经兴奋，肾上腺素等分泌增加，糖原和脂肪分解加快，产热量加大，此时动物的代谢主要以分解代谢为主，生殖系统和消化系统等机能下降。此外动物应激时还可造成肾上腺皮质激素分泌增加，该激素可导致动物生长缓慢、消瘦、骨质疏松等，同时对动物的免疫系统产生明显的抑制作用，可造成胸腺、脾、淋巴结等免疫组织萎缩，淋巴细胞减少，免疫机能下降。养殖环境恶劣导致养殖水平降低在猪场表现突出，近年来一些猪场的条件性致病菌造成的猪群大量发病和死亡率增加都与猪场的养殖环境恶劣有关。

由于动物机体的生理功能特别是免疫系统功能在应激的情况下被严重侵害，因此动物对疫苗产生的免疫反应延迟，表现为动物产生有效抗体水平的时间慢、抗体水平低下、免疫有效保护时间缩短、群体内抗体水平参差不齐等。人类的很多疫苗在婴儿时期接种2～3次就可以达到数年或者终生免疫的保护效果，但是对动物来说，长期的不良环境应激造成的多种生理系统损害可能会产生免疫抑制。以猪场为例，对猪场的常见疾病，如猪瘟、伪狂犬病、口蹄疫等进行免疫接种，一些管理不善的猪场即使每年对母猪免疫3～4次，但仍然达不到有效保护。

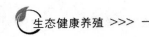
（二）恶劣的养殖环境影响动物优良品种性状发挥

优良动物品种是现代化养殖场的根本。好的品种具有较快的生长速度、较高的繁殖性能或良好的动物产品，对疾病亦有较强的抗御能力，所以在工业化养猪快速发展的今天，养殖场都尽量选择具有地方适应性的优良品种。但是通常情况下，优良品种对营养、环境和管理的要求要远远高于普通品种，即所谓的"良种良法"。家畜的品质决定了家畜的生产潜力，但潜力的发挥依赖于环境条件。在恶劣的环境中优良品种不但难以发挥，反而会由于其抗逆性差而造成比普通品种更加低的生产成绩。

（三）恶劣的养殖环境降低了饲料科学的价值

随着饲料工业的发展，动物营养技术得到了飞速发展，养殖者为了追求更高的养殖效益，除了在遗传育种和饲养管理上寻求解决途径外，根据动物本身营养需求的特点采取精准饲养也是目前采取的一系列措施之一。提高动物的饲料转化率是集中反映动物饲养技术的综合指标。在试验条件下，动物的饲料转化率即料肉比可以做到很低，但在实际生产中却往往很高。例如生长育肥猪在试验条件下的料肉比可以做到 2.5：1，但实际生产实践普遍高于 2.8：1，个别的甚至高于 3.2：1。造成这种情况的原因可能并不是饲料质量差，而是许多养殖场的养殖环境太差，导致猪群处于严重的环境应激状态，致使较好的饲料无法发挥其优良性能。

（四）恶劣的养殖环境影响养殖场周边环境

畜牧业造成区域性水质、环境污染的风险加大，畜牧业污染很可能成为继水污染、大气污染、固废污染之后新的环保问题。早期建造的养殖场未经科学规划，选址、栏舍建设都存在很大的随意性，场址与布局建造通常不十分合理。不少养殖场建在城镇近郊、村庄旁、河流溪沟畔，栏舍建设缺乏规划，多数是边发展边建设，布局零乱、建造简陋、设施陈旧落后，极易对周边人居环境造成影响。

由于养殖企业的环保意识不强，很难对养殖场粪污处理设施的建设增加投入，一方面，畜禽养殖者多数为普通农户，经济基础比较薄弱；另一方面，畜牧业在一般情况下是微利产业，而污染治理投资与运行费用相对较高，多数养殖场（户）在资金上自身难以承受。因此，相当一部分养殖场缺乏必要的粪污处理设施，大量未经处理的畜禽粪污随意排入河、溪、田、塘等，对环境造成污染。大型养殖场的粪污处理措施较好，对养殖场周边的环境影响较小。但是一些中小型养殖场或者散养户缺少环境保护意识，虽然有的养殖场也有粪污处理设施，但是由于其设计不科学、运行成本高、管理不善等多种原因而不能发挥作用。

（五）恶劣的养殖环境影响养殖企业员工的积极性

在畜牧生产中，养殖场一直是重中之重，但是由于工作环境的原因导致养殖场技术人员的严重缺失。尤其是一些设计不科学的养殖场，由于畜舍设计不合理，往往导致养殖场内外环境恶劣，清粪工作量巨大，空气质量差，冬季严寒，夏季酷暑，蚊虫成灾等，这些不仅会导致动物生产成绩差、死亡率高等一系列问题，还会严重影响一线员工的生产积极性，即使是高薪也很难留住优秀的人才。

三、养殖环境健康综合技术

随着人们对养殖环境的关注，人们也开展接受了健康养殖的概念，而与之发展起来的养殖环境健康的理念越来越深入人心。养殖环境健康综合技术包括从养殖场建设到动物废弃物的综合处理过程中的每个环节，其中的动物保健和环境保健技术是影响养殖环境健康的关键。

（一）动物保健技术

近年来保健养殖理论体系得到了广泛的应用，并在动物疫病防控中发挥了重要的作用。动物保健从最初的药物保健，然后到免疫保健，再到营养保健理论的提出，体现了动物养殖疫病防控由"治病"到"防病"的思路转变。

药物保健（严格意义上说应该称为药物防治）是指定期或疫病发病初期在饲料或饮水中添加特定的药物，利用药物来杀灭或抑制敏感性细菌对机体的危害，达到保持动物群体健康的方法。但是随着耐药菌株产生以及药物毒副作用、药物残留等带来的诸多危害，药物保健目前成为限制性使用的方法，渐渐退出历史的舞台。

免疫保健是指根据养殖场以及周边地区疫病流行的特点和危害程度，制订详细的免疫程序，来提高养殖动物针对特定病原的抵抗力，达到抵抗疾病保护健康的方法。鉴于目前动物疫病种类繁多，日趋复杂，因此对可能发生的传染性疾病全部进行免疫接种是不现实的，养殖场只能根据自身的实际情况，制订合适的免疫程序。

营养保健主要是针对动物种类以及动物不同的生长阶段对于营养的需求为基础，利用现代动物营养学、营养与疾病、营养与免疫、饲料加工技术等新的研究成果，在保证饲料营养全面均衡的基础上，对微量营养素如氨基酸、维生素、微量元素等进行强化，同时辅以功能性添加剂、微生态制剂等，来满足动物特定生长阶段对于功能性营养成分的特殊需要，从而显著提高动物生产性能。

（二）环境保健技术

环境保健技术是养殖场对动物及环境控制的综合保健技术，在药物保健、免疫保健和营养保健的基础上，加强环境保健才能共同发挥保护动物健康，实现健康养殖的目的。养殖者在进行动物群体保健的同时，要根据这些保健技术的优缺点采取相应的措施。其中，环境保健是基础，能显著提高药物保健、免疫保健和营养保健的效果，起到协同作用。养殖场管理科学，在药物、疫苗和营养方面的投入往往事倍功半。养殖场的环境保健方面的投入基本是在建场之初的一次性投入，在日常运行过程中需要持续投入较少，但其所带来的收益却持续整个养殖场的后续发展过程，这也是养殖场的环境保健的重要所在。

四、养殖环境健康的发展趋势

养殖环境问题是大部分发展中国家养殖场面临的问题，先进的环境控制技术和理念长期得不到养殖者的重视。每次面对疫情所带来的惨痛经济损失的时候，往往本能或不自觉地将主要原因归于动物保健或营养措施不得当，而对不良环境造成的养殖动物群体健康水平下降这一根源性的原因并没有引起足够的重视，很少有养殖场能够从根本上提高动物的养殖环境水平。"木桶原理"启示人们，决定木桶盛水的多少，并不取决于构成桶壁上最高的那块木板的高度，而恰恰是取决于桶壁上最短的那块木板的高度。同理，养殖业的生产水平并不是由养殖场做得最好的方面决定，而是由养殖场做得不足方面决定的。在欧美普遍实施福利养殖的当下，我国的畜牧业依然徘徊在高投入、高病死率、高环境污染、低产出的粗放式工厂化养殖模式中。近年来人们在兽药、疫苗、营养以及品种等方面的研究与应用都取得了巨大的进展，但随着时间的推移，这些因素对于发挥畜牧业生产成绩提高的潜力已经越来越困难。但在环境控制方面，由于畜牧业长期疏于对畜舍环境控制方面的研究，资金投入较少，有些养殖场设计不合理导致环境恶劣，因此养殖场的环境控制方面还存在极大的发展潜力和空间。通过养殖场的环境保健，提高动物的生产性能，降低疫病的发生率，将是提高畜牧业整体水平的重要途径。

第二节　养殖环境健康的主要内容

养殖环境健康主要以动物福利为基础，提高动物保健水平，从物理化学性环境因素、心理性环境因素、生物性环境因素等方面来进行全方位优化，从而达到提高养殖动物整体健康水平，实现生态和谐的目标。

一、为动物提供最舒适的生活空间

目前大部分养殖场设计的出发点还是满足动物管理的需要，将管理便利放在首位，动物的福利待遇放在次要位置。环境健康型养殖场的设计出发点则完全不同，首先是满足动物的福利健康需要，其次才是满足管理的便利。通过对畜舍内部的物理性环境、化学性环境、心理性环境和生物性环境进行全面的优化，力图使畜舍满足动物群体健康的需要与管理便利的需要。通过采用环境保健技术提高动物生长的环境舒适性，来降低甚至于消除动物对环境的应激，提高动物群的整体健康水平。

二、提高养殖场自动化水平

养殖场的工作繁重而又枯燥，如何减轻养殖场一线员工的劳动强度是提高养殖效益的途径之一。现有的养殖场中，环境清洁是主要的繁重工作之一，尤其是一些养殖场依赖人工清粪，不但需要大量的劳动力来进行人工清粪，致使人工成本高，而且畜舍内的环境卫生水平也往往受限于工人的勤奋程度，不及时、低效的粪污清理将降低畜舍内部的环境卫生水平和空气质量，给动物的健康水平带来显著危害。由于养殖场的粪污清理工作属于繁重的体力劳动，占据了大部分工作量，因此科学的粪污清理工艺设计不仅能显著降低工作量，提高畜禽舍内卫生环境水平，使工人有更多的精力从事动物健康护理方面的工作，还可以避免由于工作的懒惰或失误所带来的环境恶化造成的危害。

三、节能降耗

设计不科学的养殖场，尤其是对于猪、鸡这种需要长期在畜舍内生活的养殖场，为了维持良好的环境需要，在温度控制、湿度控制、通风和光照等方面通常需要巨大的能耗，使养殖场的养殖成本居高不下。在一些猪场中，为了节省能耗成本，舍不得在环境控制方面进行投入，结果使猪群的健康状态下降，病死率上升，付出了比能耗成本更高的经济代价。环境健康型养殖畜舍就是通过对畜舍保温建筑材料的广泛应用、合理的畜舍设计规划、合适跨度的结构设计，最大限度地减少能源消耗，降低养殖成本，形成资源节约、环境友好的健康养猪模式。

四、合理粪污处理技术

养殖动物的粪污是"放错地方的资源"，与工艺污水相比有着本质的区别。工业污染多是有毒有害物质的污染，必须采取措施清除有害物质后达标排放。而养殖场的粪污的主要成分是氮、磷、钾等有机物质，是农业种植中所稀缺的而且优质的有机肥料。有效地对养殖粪污进行资源化利用，不仅可以提高土壤肥效，还对实现持续种植业及有机农业的良性发展具有极其重要的意义。牛场、鸡场的粪污主要以固态为主，猪场的粪污可分为固态粪污和液态粪污2种类型。固态粪污处理简单、运输方便、肥力较高，而且具有较高的经济价值，往往不构成污染源。液态粪污则由于量大、处理复杂、肥效低、运输费用高等缺点，已经成为养殖污染的主要来源。环境健康型养殖场粪污处理的重点是在第一时间做到粪尿分离，并从源头上减少液态粪污的产生量，因此在养殖场设计时就应考虑到如何减少液态粪污的产生，例如在猪场设计时，采取节水饮水设备、免冲栏技术、粪尿自动分离机械干清粪工艺，从源头上做到猪场固态粪污与液态粪污的自动分离。

五、促进养殖场与周边环境的生态友好

养殖场每天都会产生大量的粪污，处理不当会对周边环境造成严重污染。前期建设的一些养殖场，包括一些大型养殖企业还没有对养殖场粪污造成的严重危害引起足够重视。一些养殖者甚至抱着侥幸的心态来处理粪污问题，偷排、乱排现象严重，对周边环境造成了重大污染，因此引起了周边居民的强烈抗议。随着养殖产品需求刚性增长，畜禽水产养殖总量及养殖废弃物短时间内仍将持续增加。根据2013年《环境统计年报》数据，2013年我国养殖业化学需氧量排放量达$1.12×10^7$t，占全国化学需氧量排放的48%，超过工业污染。环境污染已经成为制约养殖业可持续发展的重要因素，主要原因在于养殖场在选址和设计之初没有高度重视对周围环境的影响，规划养殖设施设计技术落后，配套污染处理设施工程建设不合理，以及养殖废弃物综合利用技术落后等。因此养殖场不仅需要做好内部的环境控制工作，还需要高度重视养殖场对周边环境的保护，使养殖场与周边形成和谐、生态的相互关系。

六、环境健康评价

随着社会的发展，人们对于环境的要求和环境的控制能力不断提高，人们从最早感知温度、检测温度，到利用各种设备改善环境温度，从而达到改善生活质量的目的。随着技术的进步，人们对周围环境的关注度在不断提高，所能感知的环境因素也在不断增加，为此就出现一个如何评价环境的问题。以前由于技术的因素，只能定性地进行环境评价，不能进行定量的评价，目前人们可以通过环境健康指数对不同环境进行定量的衡量和评价。所以，环境健康指数（environment health index，EHI）提出的意义在于把不同的环境统一到一个量化的平台上进行评价。环境健康指数是定量描述环境健康状况的无量纲指数，用来量化评价人居环境，针对人居环境中与人体健康和感受有直接关联的参数进行量化评

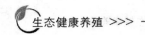

价。环境健康指数包括：温度、湿度、细颗粒物 PM2.5、总有机挥发物（TVOC）和噪声 5 项参数，根据人体感受舒适程度和对人体危害程度进行量化评价，数值为 1～100，数值越大表示环境越好，数值越小表示环境越恶劣或身体感受越差。

第三节　养殖场的环境控制与废弃物利用技术

现代社会的发展是以生态文明建设为基础，倡导绿色生活、人与自然和谐发展，因此在畜禽养殖中越来越重视环境卫生和环境保护的问题。但随着规模化养殖不断壮大，环境污染问题也日益严重。主要表现在以下几个方面：养殖场所饲养的动物鸣叫噪声不断，周围臭味扩散范围大，蚊蝇滋生、鼠害繁多等；养殖污水管理不当，污染当地水源，致使饮水质量下降，达不到饮用水标准；有的养殖场破坏了天然草山草坡，给水土保持工作带来问题，威胁人类生存环境。因此环境污染已经成为规模化养殖场的一大问题，如何提高养殖场的环境控制与废弃物利用技术，是构建生态健康的养殖模式的基本要求。

一、养殖场的环境控制

我国地域广阔，地形地势各异，气候条件差异巨大，养殖场的建设和环境控制虽然没有一个放之四海而皆准的固定模式，但是设计思路和基本原则还是有规可循。生态健康养殖动物的安全生产要求养殖场具备良好的生产环境，对养殖环境的基本要求是能够从空气、饲料、饮水、粪便四个方面实现病原微生物总量的控制，并能在空气、温度、光照、声音几个方面保障动物得到良好的舒适感，创造一种最佳的生产环境，促进养殖场生态环境的良性循环。

（一）环境控制的目标

随着近 30 年来规模化养殖的快速发展，养殖动物的抗病能力和健康水平呈下降趋势，这就更加要求规模化养殖的环境控制技术要不断跟上现代化养殖生产的需要，适时调整养殖环境控制的目标和策略，不断研究与开发新型的环境控制技术与装备，为现代化健康养殖提供保障和技术支撑。

1. 提高养殖动物的生产性能　目前，养殖动物环境控制的目标大多是从提高养殖动物生产性能的角度，或者从小气候环境条件与动物生产性能的相互关系来确定较为适宜的环境设计参数。广泛地适应环境是一切生物最基本的生命特征之一。环境是不断变化的，而动物，特别是属于高等动物的畜禽，其体内环境是相对恒定的（内稳态），这是保证一切生命活动最基本的条件。在变化的环境中，畜禽能依靠机体适应机制的调节来保持其内稳态的稳定。也就是说，畜禽对一定范围内变化的环境条件具有良好的适应能力，而且保持机体对环境良好的调节能力、增强机体的抗逆能力和健康水平也需要其所处环境有一定的变化。此外，利用幼畜基础代谢及体热调节能力发育的关键时期，如鸡胚孵化后期和雏鸡育雏早期，进行高温环境的适当刺激，可以激活或完善其在极端热环境下的体热调控机制，增强其生长后期再次遭遇极端热环境的适应能力，还能以较低的代价获取巨大的经济效益。

猪能通过自身的调节来达到维持体温恒定，但是在不适宜的温度条件下，猪维持体温恒定往往是以损害养殖经济效益、生理机能及免疫力等为代价的。为了最大限度地提高猪群的健康水平和养殖经济效益，为猪群提供一个舒适的温度是非常必要的。猪舍温度控制是一个系统工程，需要从猪舍的选址、朝向、猪舍房屋结构、建筑材料选择、通风效率、辅助加温和降温设备等多个方面来进行优化，以达到猪舍内部冬暖夏凉、昼夜温度波动幅度小、有助于提高猪群健康水平的目标。鸡舍的温度控制主要是根据机体代谢的热中性范围或避免热应激为控制范围，并以此来设计配置通风、降温与供暖系统的设备容量等。此外对空气及光照的要求较高，光照控制以保持鸡群的高产为目标设计与运行管理。

养殖场中有害气体及湿度控制等以不影响动物的生产性能来制订设计和运行标准。这些环境控制设计可保持养殖动物的较高生产性能、降低饲料消耗，达到高产出的目的。

2. 保障动物群体健康　现代化养殖场的环境控制目标除了传统的温度、湿度、光照、噪声等以外，特别加强了对有害气体的控制要求。同时出于对防疫安全和减少交叉感染的考虑，不少大型养殖场又提出了对畜舍图像的采集、传输与控制要求。

从对养殖动物健康的保障与锻炼的角度出发，对于"无应激"的环境控制策略可能也不利于动物对环境的适应，因此在日常饲养管理过程中可采用"适量应激"的环境参数控制标准。这种环境控制策略是从动物健康养殖角度出发，以减少环境中的致病因素、增强动物自身免疫功能、有效抵御病毒侵害和保证动物健康为目标。

3. 良好的动物福利　良好的动物福利就是要尽可能减少动物的应激反应，这需要从饲养员善待动物、科学规范化处置动物、保障适宜的舍饲环境和良好的卫生状况等方面综合谋划。但人们也不必像对待"温室里的幼苗"一样一定要为动物们创造非常恒定的舍饲环境。就舍饲条件而言，福利养殖只要求为畜禽提供相对舒适、无明显冷热应激的生存环境，并不要求也没必要在创造完全恒定的舍饲环境方面投入太多。当然这里谈到的环境变化是有一定限度的，对不同的动物，这种限度有很大的差别，随着动物的种类、年龄、体况、生理阶段、皮毛状态、饲养水平、饲养方式甚至生产力水平等变化而变化，幼小、瘦弱的、皮毛稀少、高产的动物对环境的变化相对敏感，在畜舍环境控制、卫生条件、饲养管理方面需要给予更多的关注。

4. 减少排放　养殖场的污染物产生量不断增加，而且排放相对集中，不仅对养殖场本身造成污染，还对周边地区产生了不利影响。因此，对养殖场污染加以合理利用，减轻其对水环境、大气环境、土壤环境等产生的不良影响，直接变废物为资源，达到无害化、资源化是养殖场环境控制的重要目标。

在饲料生产方面，采用现代动物营养学的新研究成果，实施精准饲喂技术，提高动物饲料转化率，减少排泄物的产生。例如采用低蛋白质日粮技术，选用净能模式，可以减少氮排放。在养殖场废弃物处理方面，粪污干湿分离，经过堆肥、沼气发酵技术生产有机肥施于农田，不仅可以提高植物产品品质，同时还能改良土壤，提高土壤的有机质含量。一些畜禽粪便还可以作为培养基基质，养殖蚯蚓、蝇蛆和菌类等，充分利用废弃物中的营养物质，使废弃物得以分解转化为稳定、易于处置的物质。

5. 追求高经济效益　养殖场环境控制的目标不应只单纯追求高的生产性能和改善动物的福利待遇，而更主要的是要看投入产出比。尤其是在动物产品价格市场波动大、能源价格不断升高的当下，环境控制的目标更应重视与经济效益挂钩。追求节能型环境控制技术，确保动物健康，改善动物福利和发挥较高的生产性能，综合考虑投入与产出关系，调节环境控制参数，实现提高经济效益的目标。

（二）环境调控的因素

1. 空气质量要求 空气环境对现代养殖动物的影响通常是对舍饲动物的影响较大，对于散养或半散养动物，因为其在室外活动时间长，空气环境无法控制。影响舍饲空气环境的主要因素包括空气温度、空气湿度、空气组成（氧气浓度、有害气体浓度、粉尘浓度）、气流速度等。空气温度在生产上相对容易控制；空气湿度的控制主要还是集中在冬季如何排出水汽，对于春、秋季气候干燥的湿度控制目前重视不够，尤其是对于使用发酵床养殖场，春秋干燥季节如果湿度控制不好极易引起动物呼吸道疾病。在空气组成方面，空气质量主要受有害气体和粉尘的含量影响。气体和粉尘是鸡场疫情发展助推剂和造成免疫和用药失败的主要环境因素之一，控制好鸡场的空气质量是安全生产的关键环节。如何减少有害气体和粉尘的排放，提供足够的新鲜空气和实施清洁生产是舍饲养殖的关键。

奶牛饲养的任何阶段和任何时间都需要进行臭气控制，因此在饲养场的选址时应把除臭方案优先考虑。饲养场本身的设计合理和管理科学，就可大大减少臭气的产生和散发。奶牛场产生的臭气主要来自奶牛的排泄物、皮肤分泌物、黏附于皮肤的污物、呼出的气体等，以及粪污在排放过程中有机物腐败分解的产物，包括甲烷、硫化氢、氨气、酚、吲哚类、有机酸等100多种恶臭物质，构成了养殖场难闻的气味。日本《恶臭法》中规定的16种恶臭物质，有8种与奶牛养殖密切相关，包括氨、甲基硫醇、硫化氢、二甲二硫、二硫化碳、三甲胺等，后来又追加了丙酸、正丁酸、正戊酸、异戊酸4种低级脂肪酸。奶牛场的防臭技术，主要是防止粪便臭气的产生和在其产生后防止其散发。在奶牛场，常用的方法是向粪便或舍内投放吸附剂来减少气味的散发。主要产品有从百合科植物光叶菝葜的干燥根茎中提取的除臭剂，其能阻断尿素酶活性，减少氨的产生，促进乳酸菌的增值。丝兰属植物提取物在饲料中添加，可降低瘤胃氨气浓度，提高氨利用率和微生物蛋白合成量，从而达到减少氨气排放的目的。

2. 光环境 对于舍饲动物来说，光环境是畜舍环境的重要组成部分，但对于畜舍光环境进行系统研究的并不多，也没用比较清楚可行的照明建议指标。现代化养鸡生产中对光照的控制主要从光照时间、光照度、光谱质量和光照均匀性几个方面进行考虑。其中光照时间控制主要采用长日照方法，除了蛋鸡育成期采用8h短日照光照调控外，其余的产蛋期大多采用16h光照，肉用仔鸡则采用23h光照制度。这种光照制度的应用，可以维持较高的生产性能，但在节能控制和动物福利方面考虑较少。虽然鸡对光照比较敏感，但在绝对值上没有高的要求，因此一般采用节能灯即可满足光照度的要求。在光照均匀性方面，在实际生产中发现，同一栋舍，在光照比较暗的地方鸡的生产性能没有光照充足的地方好。

通常认为猪舍光环境对养猪生产的影响相对较小，对于繁殖性能（后备、配种和妊娠阶段）有一定影响，但目前并没有一定的证据来支持这一结论。美国农业工程师学会标准和加拿大服务计划组都对猪舍的光照指标提出了一定的建议范围，通常分娩舍、保育舍、育肥舍的光照度为110lx，其中110lx为灯具计算采用光照度，未考虑利用系数，在猪眼部形成的有效光照度也在50～60lx。对于保育育肥阶段而言，光照并不是一个重要指标，猪即使在黑暗中也能找到饲料，这个阶段的猪舍照明更多地是为了方便饲养人员巡视，能够及时发现病弱猪，观察猪表现判断舍内环境情况以便及时调整。对于刚断乳的猪足够的光照也可以帮助它们及时找到水源。分娩阶段光照16h、400～500lx光照度会增加母猪采食量、泌乳量，但提供长时间高强度光照的能耗成本增加。光照对养猪生产的主要影响还是集中在后备、配种妊娠阶段，猪场的繁殖成绩受季节性影响较大，但由于热环境和光环境的共同作用，很难单独对其中一个因素进行评估。加拿大的研究表明完全黑暗的环境会延迟母猪的发情，但总的光照影响难以评估。针对后备猪普遍采用16h甚至更长时间的光照较好。

3. 饮水要求　水是一切动植物生命活动的至关重要的物质之一，几乎所有的机体代谢过程都需要水。动物体内的营养物质吸收、废弃物的排泄、血液循环、呼吸以及体温的调节等一切生命与生理活动都离不开水。动物体内一旦缺水，其生理活动就会受到影响，并导致一系列的严重后果。养殖场的供水系统设计的主要目标就是要为动物提供充足、干净、卫生的饮用水。

水源的状况主要包括水的卫生指标和供水量是否充足，水的卫生指标即指水源中重金属或其他元素是否超标、水源有机物污染等。养殖场的饮用水通常采用深井水，大部分地区的深井水水源充足、水质较好，但部分地区也存在因自然地理性原因所致的重金属或其他元素超标问题，因此需要采用净化设备。还有一些地区则由于化工污染或生活污水所致的污染，主要以含氯类高分子化合物的污染为主，处理比较困难。因此养殖场在建设之初需要钻井并检查水质，能够处理的要采取相应处理措施，无法处理的则需另行选址建设。

养殖场的饮水系统除了要关注水源情况外，对于供水管路及饮水器的设计也要符合动物福利及环境健康的要求。供水管路主要包括主水管管径大小是否满足养殖场用水量高峰期时水压需求，水管布局是否科学，供水管室外裸露是否影响动物饮水温度，如是否出现夏季水温过高、冬季水温过低甚至结冰等现象。饮水器的安装高度、饮水器的数量、设计是否科学等，都会影响动物饮水。

其他水环境因素，如水温、水分子簇结构、水活性因子等对动物体内代谢、饲料转化率、动物机体健康及生产性能等影响的研究还比较少。磁化水、电解水等对动物的应用和消毒方面的案例研究表明，今后养殖场水环境调控可能是畜舍环境控制的潜力所在。

4. 防止噪声设计要求　根据专家对噪声的研究结果表明，噪声对畜禽的危害非常大，尤其是对猪、牛、鸡造成的伤害最为明显，因此养殖者应该注意养殖舍内及周围的噪声。养殖场的噪声主要来源于三个方面：一是从外界传入，如外界工厂传来的噪声，飞机、鞭炮、车辆产生的噪声等；二是场内和舍内的机械声，如风机、除粪机、喂料机及饲养管理工具的碰撞声等；三是人的操作与动物自身产生的，如人清扫圈舍、喂料、添水等，动物的采食、饮水、走动及叫声等。这些噪声对动物造成应激，从而影响动物的生产性能。对产生噪声较大的车间，应控制噪声声源，选用低噪声设备或采取隔音减噪控制措施。目前生产中，常在房间表面安装吸声材料，一类是多孔材料，如玻璃棉、塑料泡沫等；另一类

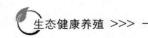

是共振吸声结构，或安装消声器，如微孔板消声器，使用效果很好；或采用隔声罩等。养殖场选址时要远离噪声源，如距离主要交通要道 500m 以上。

猪舍的噪声不能超过 80dB。在噪声的环境中猪的听力会急剧下降，猪的情绪比较急躁，容易引起摩擦，导致打架、斗殴等。对于突然出现的猛烈噪声，猪会受到惊吓、狂奔，发生碰撞、跌伤或碰坏某些设备，对于高强度噪声猪反应十分激烈，甚至会导致死亡率增加，母猪受胎率下降，流产、早产现象增多。曾经发生过因噪声导致猪死亡的案例：一天然气钻井队，在猪场西侧 100m 的地方施工，因为机器的噪声过大，导致大批生猪应激、食欲不佳、精神错乱，最后体力严重透支，抵抗力下降，感染上了各种疾病，最后死伤 100 多头。

我国良好农业规范中给出的标准是 80dB 以下。奶牛舍内的噪声能影响奶牛生长、繁殖、增重和生产力，并能改变奶牛行为。噪声会导致牛的听力下降，若长期受噪声刺激可导致噪声性耳聋。此外长时间的噪声刺激使奶牛的情绪比较急躁，容易引起慌乱、烦躁不安、乱踢乱撞等症状，进而影响物质代谢和能量代谢，奶牛出现食欲减退、消瘦等症状。在噪声的环境中，雄性奶牛的精子质量下降，可导致奶牛妊娠与分娩障碍及妊娠母牛流产。通过噪声对奶牛的危害调查发现，噪声会使奶牛心率、脉搏加快，血压升高，但随着噪声作用的延长，则会出现抑制现象。噪声的干扰，使奶牛得不到充分的休息，会导致其生理机能发生改变，对奶牛的产奶量有明显的影响。据报道，噪声达到 68～74dB 时，可导致产奶量下降，而且噪声影响时间过长，产奶机能则难以恢复，噪声对奶牛生理的危害是全面的，可导致牛奶酸度提高。

各类鸡舍的生产噪声或外界传入的要求雏鸡控制在 60dB 以下，成年家禽不大于80dB。噪声会让鸡惊恐，采食量下降，腹泻，整个鸡群的发病率和死亡率上升，蛋鸡的产蛋量明显下降，软壳蛋、脆壳蛋和血斑蛋增加，肉鸡生长速度减缓，肉质下降。突然的噪声会造成鸡群精神紧张或惊恐，甚至出现死亡。

二、养殖场的废弃物利用

近些年来，随着养殖规模的不断扩大、饲养数量的急剧增加，大量的畜禽养殖废水成为污染源，这些养殖场产生的污水如得不到及时处理，必将对环境造成极大危害，造成生态环境恶化、畜禽产品品质下降并危及人体健康。养殖废水治理技术的滞后严重制约了养殖业的可持续发展。针对畜禽养殖污染，我国先后发布了《畜禽养殖业污染物排放标准》（GB 18596—2001）、《畜禽养殖业污染防治技术规范》（HJ/T 81—2001）、《规模化畜禽养殖场沼气工程设计规范》（NY/T 1222—2006）、《畜禽养殖污染防治管理办法》等文件。养殖场必须根据这些标准对废弃物进行妥善处理与利用。养殖场必须设置废弃物的储存设施和场所，采取对储存场所地面进行水泥化等措施，防止废弃物渗漏、散落、溢流、雨水淋湿、恶臭气味等对周围环境造成污染和危害。养殖场应采取将废弃物还田、生产沼气、制造有机肥料、制造再生饲料等方法进行综合利用。

（一）养殖场的排污处理原则

养殖场粪污处理和综合利用的总体要求是建设处理工程一次性投资低，处理过程中的运行成本低，废水资源化利用程度高，处理效率高。根据这些要求，养殖场粪污处理应遵循粪污减量化、资源化和无害化原则。

1. 减量化　尽量减少处理粪污的量，采用雨污分流、干清粪、粪尿分离工艺等。牛场、鸡场多采用干清粪方法，只有在夏季动物饮水量大或大量雨水情况下，采用粪污分离技术。猪场粪污处理较为复杂，雨污分流是猪场采用合理的排水设计将雨水排水管道与猪粪排污管道分离，减少粪污水的产生。干清粪技术是在猪舍内先把尿与粪分开，采用人工清粪后直接运送至堆粪场进行加工处理。

2. 资源化　由于动物排泄物中有机物含量高，尽量将粪污资源化，处理后用作燃料、肥料和饲料等。

利用粪尿中的有机物，在高温厌氧条件下经微生物降解为沼气，同时杀灭粪尿中的有害微生物、虫卵等。沼气可用作能源，作为燃料和照明用，用于养殖场的食堂用气、冬季畜舍取暖等。牛粪还可以干燥后直接用作能源加热取暖或供养殖场食堂做饭等。畜禽粪便制成生物质环保燃料，作为替代燃煤生产用燃料，成本比燃煤价格低，减少二氧化碳和二氧化硫排放量。

粪尿是有机肥料的良好来源，粪尿直接施于土壤或经腐熟后施用。直接施用的是利用土壤自净能力，消化分解有机物质，提高肥力；堆积发酵产热能够杀灭细菌、寄生虫卵等有害生物，同时分解有机物减少污染，施于土壤后肥力效果更好。

粪便中含有大量的营养物质，经过沼气发酵后残渣液中含有大量的铵态氮，可用作饲料，用来养猪、养鱼等，还可用来饲喂牛羊，实现废物的再利用。

3. 无害化　对干粪进行无害化处理有两种方式，一种是堆肥处理，在好氧条件下利用微生物经过高温发酵，将粪污中容易分解的部分转化为无机物，起到杀灭病原菌、除臭、降低水分含量、提高养分的作用；另外一种是生物发酵处理工艺，将微生物与锯末、米糠等辅助材料混合发酵成有机垫料，将猪、鸡等放入饲养，排泄物迅速被微生物降解消化，从而减少粪污的排放。

对于污水，经净化处理后尽量充分还田，实现污水的资源化利用，多余的污水经消毒处理后可以用于冲洗畜舍。污水的净化处理应根据养殖规模、当地的自然地理条件和清粪方式，选择实用、合理的污水净化处理工艺路线和工艺技术，以达到排放标准和再利用标准。

（二）粪污处理方法

养殖场的粪污处理主要是对粪污进行无害化处理，达到废弃物资源再利用的目的。不同类型的养殖场粪污根据养殖特点及养殖方式的不同，对粪污的处理方法也不尽相同。目前主要的粪污处理方法有干湿分离处理技术和堆肥处理技术。

1. 干湿分离处理技术　干湿分离技术是利用干湿分离机将养殖场粪便脱水处理，实施粪污的固液分离。干湿分离机是规模化养殖场必备的高效粪便脱水设备，可广泛用于畜禽粪便的脱水处理。经固液分离后，粪水中的生化需氧量、化学需氧量大幅度降低，便于后续的达标排放。分离出的粪水可以直接排放到沼气池中进行沼气发酵，发酵后的粪渣废液是非常好的有机肥，也可以排放到曝气池进行曝气环保处理。经干湿分离后的粪便近乎无臭味，养分浓度高、黏性小，可做基肥、追肥使用，肥效长，肥性稳定，补充了土壤中的氮、磷、钾及微量元素，丰富了土壤的有机质，并能起到改良土壤的作用。此外，经过干湿分离的粪便还可以进行堆肥使用，或加入草糠等辅料及菌种发酵，造粒制成复合有机肥。部分经过干湿分离的粪便可用于养殖蚯蚓、种植蘑菇、喂鱼，甚至还可以作为牛羊等饲料，为养殖场增加一定的经济效益。

2. 堆肥处理技术　堆肥就是在人工控制下，在一定的温度、湿度、碳氮比和通风条件下，利用自然界广泛分布的细菌、放线菌、真菌等微生物的发酵作用，人为地促进可生物降解的有机物向稳定的腐殖质生化转化的微生物学过程，也就是人们常说的有机肥腐熟过程。按其是否需要氧气来划分，堆肥分为好氧方式和厌氧方式。

好氧方式是在有氧条件下，利用好氧微生物的作用来进行的。在堆肥过程中，畜禽粪便中可溶性物质可通过微生物的细胞膜被微生物直接吸收，而不溶的胶体有机物质先被吸附在微生物体外，依靠微生物分泌的胞外酶分解为可溶性物质，再渗入细胞。

厌氧发酵技术主要是用来处理养殖场有机废水的常用方法，养殖场产生的粪水经氧化塘处理储存后，在农田需肥和灌溉期间，将无害化处理的粪水与灌溉用水按照一定的比例混合，进行水肥一体化施用。此外，依托专门的畜禽粪污处理企业，收集周边养殖场粪便和粪水，集中进行厌氧发酵，产生的沼气进行发电或提纯，沼渣生产有机肥进行农田利用等，提高了养殖废弃物的专业利用水平。厌氧发酵技术的主要优点：对养殖场的粪便和粪水集中统一处理，减少小规模养殖场粪污处理设施的投资，能源化利用效率高。缺点：厌氧发酵技术的一次性投资高，能源产品利用难度大，沼液产生量大、集中且处理成本较高，需配套后续处理利用工艺。适用于大型规模养殖场或养殖密集区，具备沼气发电上网或生物天然气进入管网条件，需要地方政府配套政策予以保障。

（三）粪污处理和利用综合配套措施

国家发展和改革委员会会同农业部制定了《全国畜禽粪污资源化利用整县推进项目工作方案（2018—2020 年）》，整合中央投资专项，重点支持畜牧大县整县推进畜禽粪污资源化利用。全国畜牧总站组织征集畜禽粪污资源化利用典型技术模式，总结提炼出种养结合、清洁回用及达标排放 3 个方面 9 种畜禽粪污资源化利用主推技术模式。

1. 种养结合

（1）粪污全量还田模式。对养殖场产生的粪便、粪水和污水集中收集，全部进入氧化塘储存，氧化塘分为敞开式和覆膜式 2 类，粪污通过氧化塘储存进行无害化处理，在施肥季节进行农田利用。

①主要优点。粪污收集、处理、储存设施建设成本低，处理利用费用也较低；粪便、粪水和污水全量收集，养分利用率高。

②主要不足。粪污储存周期一般要达到半年以上，需要足够的土地建设氧化塘储存设施；施肥期较集中，需配套专业化的搅拌设备、施肥机械、农田施用管网等；粪污长距离运输费用高，只能在一定范围内施用。

③适用范围。适用于猪场水泡粪工艺或奶牛场的自动刮粪回冲工艺，粪污的总固体含量小于 15％；需要与粪污养分量相配套的农田。

（2）粪便堆肥利用模式。包括条垛式、槽式、筒仓式、高（低）架发酵床、异位发酵床。以生猪、肉牛、蛋鸡、肉鸡和羊规模养殖场的固体粪便为主，经好氧堆肥无害化处理后，就地农田利用或生产有机肥。

①主要优点。好氧发酵温度高，粪便无害化处理较彻底，发酵周期短；堆肥处理提高粪便的附加值。

②主要不足。好氧堆肥过程易产生大量的臭气。

③适用范围。适用于只有固体粪便、无污水产生的家禽养殖场或羊场等。

（3）粪水肥料化利用模式。养殖场产生的粪水经氧化塘处理储存后，在农田需肥和灌溉期间，将无害化处理的粪水与灌溉用水按照一定的比例混合，进行水肥一体化施用。

①主要优点。粪水进行氧化塘无害化处理后，为农田提供有机肥水资源，解决粪水处理压力。

②主要不足。要有一定容积的储存设施，周边配套一定农田面积；需配套建设粪水输送管网或购置粪水运输车辆。

③适用范围。适用于周围配套有一定面积农田的畜禽养殖场，在农田作物灌溉施肥期间进行水肥一体化施用。

（4）粪污能源化利用模式。以专业生产可再生能源为主要目的，依托专门的畜禽粪污处理企业，收集周边养殖场粪便和粪水，投资建设大型沼气工程，进行厌氧发酵，沼气发电上网或提纯生物天然气，沼渣生产有机肥农田利用，沼液农田利用或深度处理达标排放。

①主要优点。对养殖场的粪便和粪水集中统一处理，减少小规模养殖场粪污处理设施的投资；专业化运行，能源化利用效率高。

②主要不足。一次性投资高；能源产品利用难度大；沼液产生量大集中，处理成本较高，需配套后续处理利用工艺。

③适用范围。适用于大型规模养殖场或养殖密集区，具备沼气发电上网或生物天然气进入管网条件，需要地方政府配套政策予以保障。

2. 清洁回用

（1）粪便基质化利用模式。以畜禽粪污、菌渣及农作物秸秆等为原料，进行堆肥发酵，生产基质盘和基质土应用于栽培果菜。

①主要优点。畜禽粪污、食用菌废弃菌渣、农作物秸秆三者结合，科学循环利用，实现农业生产链零废弃、零污染的生态循环生产，形成一个有机循环农业综合经济体系，提高资源综合利用率。

②主要不足。生产链较长，精细化技术程度高，要求生产者的整体素质高，培训期、实习期较长。

③适用范围。该模式既适用大中型生态农业企业，又适合小型农村家庭生态农场，同时适合小型农村家庭农场分工、联合经营。

（2）粪便垫料化利用模式。基于奶牛粪便纤维素含量高、质地松软的特点，将奶牛粪污固液分离后，固体粪便进行好氧发酵无害化处理后回用作为牛床垫料，污水储存后作为肥料进行农田利用。

①主要优点。牛粪替代沙子和土作为垫料，减少粪污后续处理难度。

②主要不足。作为垫料如无害化处理不彻底，可能存在一定的生物安全风险。

③适用范围。适用于规模奶牛场。

（3）粪便饲料化利用模式。畜禽养殖过程中的干清粪与蚯蚓、蝇蛆及黑水虻等动物蛋白进行堆肥发酵，生产有机肥用于农业种植，发酵后的蚯蚓、蝇蛆及黑水虻等动物蛋白用于制作饲料等。

①主要优点。改变了传统利用微生物进行粪便处理的理念，可以实现集约化管理，成本低、资源化效率高，无二次排放及污染，实现生态养殖。

②主要不足。动物蛋白饲养温度、湿度、养殖环境的透气性要求高，要防止鸟类等天敌的偷食。

③适用范围。适用于远离城镇，养殖场有闲置地，周边有农田，农产品加工副产品较丰富的中、大规模养殖场。

（4）粪便燃料化利用模式。畜禽粪便经过搅拌后脱水加工，进行挤压造粒，生产生物质燃料棒。

①主要优点。畜禽粪便制成生物质环保燃料，作为替代燃煤生产用燃料，成本比燃煤价格低，减少二氧化碳和二氧化硫排放量。

②主要不足。粪便脱水干燥能耗较高。

③适用范围。适用于城市和工业燃煤需求量较大的地区。

3. 达标排放 主要为粪水达标排放模式。养殖场产生的粪水进行厌氧发酵＋好氧处理等组合工艺进行深度处理，粪水达到《畜禽养殖业污染物排放标准》（GB 18596—2001，其中化学需氧量低于 $400mg/L$，氨氮低于 $80mg/L$，总磷低于 $8mg/L$）或地方标准后直接排放，固体粪便进行堆肥发酵就近肥料化利用或进行集中处理。

①主要优点。粪水深度处理后，实现达标排放；不需要建设大型粪水储存池，可减少粪污储存设施的用地。

②主要不足。粪水处理成本高，大多养殖场难以承受。

③适用范围。适用于养殖场周围没有配套农田的规模化猪场或奶牛场。

第四节　养殖场废弃物管理与控制实例

一、鸡场废弃物的管理与控制

（一）污水的净化

鸡场污水量大，不能任其排放，一般须先经物理处理（机械处理），再进行生物处理后排放或循环使用。物理处理就是使用沉淀、分离等方法，将污水中的固形物分离出来。固形物能成堆，便于储存，可作堆肥处理。液体中有机物含量较低时，可用于灌溉农田或排入鱼塘；有机物含量仍很高时，可进行生物处理。生物处理就是将污水输入氧化池、生物塘等，利用污水中微生物的作用，通过需氧或厌氧发酵来分解其中的有机物，使水质达到排放要求。生物处理还可通过草地过滤、蚯蚓及甲虫吞食粪便的作用等方法进行处理。

（二）鸡粪的处理与利用

鸡的粪便由于饲养管理方式及设施的不同，废弃的形式也不一样，或以纯粪尿，或以粪液，或以污水形式弃之，因而处理的方法也随之不同。其主要的处理，目前仍然是作为肥料供给作物与牧草所必需的各种养分，同时也可改善土壤的结构。此外，粪便还可以用来生产沼气。

鸡粪用作肥料时，应先进行无害化处理，其方法有混合封存及堆肥法等。混合封存法即将粪尿、垃圾、垫草等，储存在储粪池内加盖封存，在厌氧环境下使其内的有机物氧化分解、发酵腐熟，使病原菌体死亡。堆肥法即将粪尿与垃圾、垫草等有机废弃物混合堆积起来，通过产生高温及微生物相互拮抗作用，致使病原微生物及寄生虫卵死亡，从而达到无害化的目的。

制取沼气是粪便的生物能利用方法，即将鸡粪、垫草等有机物一起混合，在一定条件下，经过多种微生物的发酵，产生沼气。经过发酵后，粪便、垫草中的寄生虫卵、病原微生物等大部分被杀死，但沼气沉渣中还有少数虫卵等没有死亡。因此清除出来的沉渣还需经堆肥或药物处理。

二、猪场废弃物的管理与控制

随着养猪业的快速发展及其产业化的兴起，规模化、集约化猪场的数量越来越多，规模也越来越大。养猪在满足人们肉类食品消费需求的同时，也带来了新的环境承载问题。生猪在养殖的过程中，产生了大量的废弃物，特别是猪的粪便和尿水。1头猪每天排放的污水量相当于7人生活产生的废水量，猪粪尿中含有大量的有机物，同时含有大量的病原微生物及寄生虫，不仅具有潜在的环境污染风险，而且对动物和人类的健康也有很大的威胁。猪场污水中的氮、磷等污染成分含量高，未加处理而排入江河湖泊后会造成水质恶化，导致水体富营养化，敏感水生生物死亡，因此猪场污水已成为饮用水源地和江河、湖泊的主要污染源。然而由于猪粪中含有的大量有机物质，尤其是还含有植物生长所必需的氮、磷、钾，同时还含有能改良土壤团粒结构、增强土壤蓄水和通气能力的胡敏酸成分，因此猪粪尿可以作为农作物优质的有机肥料来源。

（一）猪粪的收集与堆放处理

1. 猪粪的收集 为了保证清洁生产和节水需求，目前大多数猪场采用干清粪的方式，即通过人工清粪、机械清粪、水泡粪或水冲粪后进行干湿分离，对猪场粪便进行收集后集中运送到专门处理场所进行处理。

（1）人工清粪。主要依靠人员，借助简单的工具如粪便清理车、铁铲等设备和用具等，打扫猪舍粪便，将固体粪便收集起来集中处理。人工清粪设备简单，不用电力，一次性投资少，还可以做到粪尿分离，但劳动量大，生产效率低，工作脏累。

（2）机械清粪。主要是针对普通漏缝地板的猪舍，猪粪和尿液一起直接漏入粪沟，可以采用机械清粪方式将粪尿送出舍外。机械清粪的方法可以减轻劳动强度，节约劳动力，提高工效，但一次性投资较大，运行维护费用高。

（3）水泡粪。是猪群生活在全漏缝地板上，地板下建有 0.7~0.8m 深的集粪沟，沟底倾斜，粪沟内粪便在猪尿及冲水的浸泡和稀释后成为粪液，在重力作用下汇集注入端部横向粪沟中储存。

（4）水冲粪。适用于封闭式、双列式猪舍，粪尿沟设在猪台中央通道下面，舍内各猪栏都有暗沟相通，自动水每天冲粪便使其进入粪尿沟，再通过总坑道流入舍外的集粪坑。

水泡粪和水冲粪的后续处理工艺难度大，达标处理更加困难。

2. 猪粪的堆放　清理后的猪粪通常会在猪场短暂存放，然后运送到指定或专业处理场所，因此猪场必须建造相应大小的粪便堆放场所和设施，对新鲜猪粪进行合理收集堆放。通常情况下，猪粪堆放场所建在猪场的外围下风处或侧风向，距离猪场50m以上。建筑面积一般按照存栏生猪计算，通常按每头猪0.05m³以上的标准建筑，能够容纳一定时间内所有待处理的猪粪。储粪池要注意防渗防漏，并有遮雨顶棚等设施，同时储粪池的进口处地面要高于场地的地面，防止径流和雨水进入粪场内。此外，日常应对粪池进行覆盖，减少猪粪便臭气对周围环境和大气的影响。

（二）猪场粪污的无害化处理

猪场粪污的处理应遵循减量化、无害化和资源化利用的原则，处理过程中不能造成二次污染，严禁对水源、土壤和空气造成污染。处理系统应具备防渗、防漏、防雨淋等设施，粪污处理后能达到一定的相关标准。目前对猪粪污处理和利用模式主要有堆肥处理、沼气发酵等方式，处理后的产品能够达到土地利用或达标排放的标准。

1. 猪粪堆肥发酵　猪粪堆肥发酵技术就是粪便在微生物作用下，通过高温发酵，使有机物矿物质化、腐殖化和无害化，同时利用高温杀死粪便中的微生物和寄生虫等，使其变成腐熟肥料的过程。堆积发酵过程中微生物分解和高温催化，不但生成可被植物利用的有效氮、磷、钾化合物，而且产生新的高分子有机腐殖质，是供农作物生产利用的优质有机肥料。猪粪堆肥发酵方式主要包括通气型堆肥舍、开放型堆肥发酵槽和密闭型堆肥，经自然发酵或加入通气材料进行发酵，腐熟后直接施入农田。这种处理方法相对简单、有效，是目前普遍使用的固体粪便的处理方法。

2. 粪污的沼气化处理　粪污沼气化处理是一些大中型规模养猪场最常见的一种处理方式，其原理主要是通过沼气处理系统的净化工艺，通过厌氧发酵产生可燃气体用于生活或发电，产气后的沼渣和沼液作为有机肥的原料生产有机肥，实现粪污的减量化排放。

图7-1是某中型猪场的粪污处理工艺设施，是目前较为典型的猪场粪污无害化处理系统。

图7-1　猪场粪污处理（黄亚宽提供）

（1）集粪池。集粪池能够接收整个猪场的粪尿，其容量设计建议可储存整个猪场1个月的粪水，以缓冲粪污的质量变化。

（2）干湿分离。猪场设有专门的用于干湿分离工作区，同时建立 2 个缓冲池，分别位于干湿分离工作区的上下游，用于存储准备分离的粪尿和接收分离后的干粪。粪污通过干湿分离后，干粪进行发酵处理，粪水可以直接排放或进行二次发酵处理再利用。

（3）生物反应池。主要通过硝化和反硝化作用对液体中的氮进行生物处理。生物反应池的设计容量建议相当于 45d 的猪场液体排放量。反应池装备曝气系统，并通过一个氧化还原探头进行控制，对液体进行缺氧和曝气的交替处理。

（4）沉淀池。沉淀池用于沉淀和浓缩淤泥，装有能够将未处理的固体送回离心分离器进行分离的潜水泵，将澄清液体送往蓄水池的浮泵。

（5）蓄水池。蓄水池最好采用永久型混凝土建筑而成，用来存储处理后的液体，表面应覆盖放水塑料膜。达标的液体部分可直接进入就近的灌溉网络施入农田。

三、奶牛场废弃物的管理与控制

奶牛采食的饲料量比较多，虽经胃肠消化吸收，但并不能完全被利用，有 1/3 左右的营养物质和能量由粪尿等排出体外。通常牛粪含水分 77.5%，有机质 20.3%，氮 0.34%，磷 0.16%，钾 0.4%，所以牛粪尿是人类可以再利用的一种重要资源，处理得当可以变废为宝，减少和消除对环境的污染。

（一）牛粪的处理

1. 用作肥料 规模化牛场的舍内多为水泥硬化地面，为使干粪与尿液及污水分离，需在牛舍内安装机械清粪设备，进行无害化处理，提高资源利用率，降低劳动力成本。清粪方式与猪场清粪类似，有人工清粪、半机械清粪、刮粪板清粪等。清理的牛粪送至堆粪场经堆积发酵无害化处理后，即成为有机肥料。堆肥过程中形成的高温能杀死各种病菌和虫卵，粪污中的多种成分能转变成植物生长需要的有效养分，可直接施于农田。牛粪的堆肥处理因有运行费用低、处理量大、无二次污染等优点而被广泛使用，具体做法是在堆粪场铺一层厚 10～15cm 的细草用以吸收下渗液体，然后将牛粪堆积成垛，密封（可用泥土封严），1 个月后翻堆 1 次，重新堆好封严，达到完全腐熟，夏季约需 2 个月，冬季则需 3～4 个月。通过堆肥发酵处理的牛粪是优质的有机肥料，能够蓬松土壤，改善土地板结情况，提高农作物产量和品质，为生产绿色有机农产品发挥显著作用，促进生态良性循环。

2. 用作再生饲料 牛粪中含有许多营养元素和大量的有机质、维生素 K、B 族维生素以及某些未知因子。干奶牛粪含粗蛋白质 12.7%，粗纤维 37.5%，可溶性无氮化合物 29.4%。研究表明，奶牛、育肥牛的牛粪营养价值相当于优质干草，可以作为畜禽日粮的组成加以利用。作为猪饲料，可以单独或掺入普通饲料中饲喂育肥猪，一般能节省30%～40%的常规饲料；饲喂蛋鸡可以提高产蛋率，增加蛋重，能改善蛋色；在 11～14 周龄的虾饲料中添加 50%～60%的牛粪粉，能大大加快虾的生长速度，降低饲料成本 35%～45%；新鲜无污染的牛粪还可直接投入池塘喂鱼。但因牛粪中有未彻底降解的纤维素及混入的垫料杂草等，仍需经过一定的处理和加工。较好的处理方式：将牛粪青贮后饲用，利用 2%氢氧化钠处理效果更好些，和制作青贮饲料一样，进行厌氧发酵后便可与其他原料

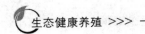

配合，以平衡日粮。利用牛粪做饲料不但不会影响动物对饲料的营养要求，还可以降低养殖成本、减少环境污染。

3. 牛粪的其他应用

（1）沼气发电。以牛粪为主要发酵原料，在适宜的温度、pH下，通过厌氧发酵产生沼气，通过净化设备处理后达到沼气发电机组对沼气的要求条件，通过加压风机输送至沼气发电机燃烧发电。牛粪产生沼气发电的综合利用实现了牧场粪便污水无公害、无污染、零排放，既解决了环境污染问题又开发了新能源。

（2）养殖蚯蚓。未经发酵的牛粪晒到半干时放入蚯蚓种，盖好稻草，遮光保湿，可以进行蚯蚓的人工养殖。据分析，用牛粪养殖的蚯蚓，其体内活性蛋白含量高、有害重金属含量低，是制造消栓降脂药的上好原料。蚯蚓粉是饲料的上好添加剂，比鱼粉的蛋白质含量高。而且，以蚯蚓粪为主要原料生产的各种专用肥，不仅肥效高，而且能抑制作物病虫害的传播，同时还能提高地温、保水保肥。

（3）牛粪育虫。将牛粪晒干粉碎加入适量麸皮或谷糠，堆在阴凉处，盖上秸秆或杂草，后用污泥密封，1周左右即可生出小虫，生出的小虫是家禽和水产动物优良的动物性蛋白质饲料。

（二）奶牛场的污水处理

奶牛养殖过程中产生的污水主要来源是奶牛排放的尿液和冲洗牛舍挤奶厅的废水，严重污染牛舍周边的大气、水体和土壤，同时还制约着畜牧业自身的发展。小而分散的散户养殖，所产生的养殖污水数量少，比较容易在养殖场周围消化，给生态环境造成的压力小。而集约化、规模化的奶牛养殖场所产生的污水无法在养殖场附近地区消化，因此出现了大量养殖污水乱排放的现象。高浓度的污水可导致土壤孔隙阻塞，造成土壤透气、透水性下降及板结，严重影响土壤质量。另外，我国北方多数都是干旱、半干旱地区，水资源本来就匮乏，奶牛用水和污水的排放在严重污染着地下水资源的同时，也加剧了当地水资源的缺乏，直接影响了人类生活用水和农田用水。奶牛场污水处理工艺是一个系统工程，目前研究应用较多的工艺有：自然生态处理、物理处理、好氧处理、厌氧处理等，总体要求：一次性投资低、运行成本高、处理效率高、资源化利用率高，具体工艺的确定必须因地制宜。

1. 自然生态处理法　建设费用较低，运行成本低廉，但受自然条件的影响较大，适宜于土地资源丰富的地区。

2. 物理处理法　由于污水中含有大量的粪便和饲料，污水中悬浮物含量很高，而这些悬浮物都是有机成分，可作为肥料使用，具有一定的经济价值，可通过固液分离的方式将悬浮物从污水中分离出来。物理处理法是利用格栅或滤网等设施进行简单处理的方法，分离废水中的悬浮物，包括过滤等方法，使固液分离。常用的有平流式沉淀池，池底坡度1%～2%，前部设一污泥斗，沉淀与池底的污泥用刮泥机刮到污泥斗内，一般需要1～1.5h，水流宜慢，流速不超过10mm/s。物理处理可除去污水中0%～65%的悬浮物，并使生化需氧量下降25%～35%。

3. 化学处理法　用化学药品除去污水中溶解物质或胶体物质的方法。

（1）混凝沉淀。用三氯化铁、硫酸铝、硫酸亚铁等混凝剂，使污水中的悬浮物体和胶体物质沉淀而达到净化的目的。

（2）化学消毒。常用氯化消毒法，把漂白粉加入污水中达到净化目的。

化学处理方法容易带来二次污染，因此在实际生产中应慎重使用。

4. 生物处理法　生物处理法除了常规的采用厌氧发酵生产沼气等工艺外，还可在较大的储存池内放养绿萍、水葫芦，及设氧化沟、氧化膜等方法分级净化，净化后的水可用于灌溉农田或经消毒后用作畜禽饮水，以及奶牛生产过程中冲洗用水。

5. 生产液肥　日本大部分奶牛场利用家畜粪尿生产液体肥料，通过加工处理，可以得到优质的液态肥料。该技术设施中，包括土壤菌群培养机械，可稳定地进行再生处理，既抑制了腐败菌的生长，又改善了土壤中有益菌的营养条件，因而所生产的液肥对土壤改良、增加地力很有好处。

第八章 | CHAPTER 8
动物福利与健康养殖

　　动物福利和生态文明的理念中华民族自古有之，动物福利也是中华文明的重要组成部分。从先秦时期就开始有动物福利的相关记载。儒家的仁爱思想，不但包括对待人，而且包括对待动物。《论语·述而》中的"钓而不纲，弋不射宿"（不用多钩渔具钓鱼，不射杀夜宿的鸟），至今还闪烁着文明的光芒。孔子还将对待动物的态度纳入"仁"的教化之中，用以修炼、提高学生的道德操守，并从中检验学生的德行高尚与否、宽厚与否。动物福利是生态文明的重要组成部分，其核心是善待动物，不给动物带来不必要的痛苦，这是人类应该尽到的道德义务。

第一节　动物福利概述

　　19世纪初，一些欧洲的有识之士开启捍卫动物权利的征程。在他们眼里，动物一样有感情，一样有痛苦，只是它们无法用人类的语言表达而已，人类的聪明才智不应当成为动物们受苦的工具，而应该成为人类与它们沟通的媒介。近年来，动物福利也成为国内关注的热点话题，这一源于西方的概念也开始被越来越多的国人所接受。在我国，随着规模化、集约化养殖业的发展，农场动物的生存隐忧、健康和行为问题随之而来。动物福利不仅关乎环境管控、健康养殖，还直接影响食品安全和国际贸易。世界动物保护协会数据显示，每年有700多亿只农场动物用于食品，而其中2/3生活在无法自由行动或自然生活的环境中。如果不能保证动物在符合动物福利要求的环境下生存，那么也就难以保障动物源性食品质量安全以及人类的健康安全，还可能遭遇一些国家以保护动物或维护动物福利为由设置的国际贸易壁垒，危及我国动物产品的出口贸易。改善农场动物的生存状况，提高福利养殖水平，对于促进畜牧业的持续健康发展，保障食品安全和公共卫生，提升我国畜禽产品的国际竞争力，维护我国动物产品出口贸易的地位，有着重要意义。

一、动物福利的概念

　　福利（welfare）一词在《韦氏辞典》上有两个解释：一是幸福健康的生活状态，二是给需要帮助者在金钱或必需品上的援助。

　　福利可以指一种生活状态，而并非仅指生存。福利要求不仅是生存，更重要的是生活得如何，强调的是生活质量，良好的生活状态包括健康、快乐、舒适才是福利。此外福利也可以认为是一种行为，即帮助生活状态不太好而需要健康幸福的人们改善生活质量的援助行为。

动物福利（animal welfare）的概念并不是福利概念在动物身上的简单延伸，但出发点是一致的，就是让动物在康乐的状态下生存，也就是为了使动物能够健康、快乐而采取的一系列行为和给动物提供的相应的外部条件。世界动物卫生组织（OIE）《陆生动物卫生法典》（2011）对动物福利的定义是指动物如何适应其所处的环境，满足其基本的自然需求。如果动物健康、感觉舒适、营养充足、安全、能够自由表达天性，并且不受痛苦、恐惧和压力威胁，则满足动物福利的要求。高水平动物福利更需要疾病免疫和兽医治疗，体现在适宜的居所、管理、营养、人道对待和人道屠宰方面。本章中所讨论的动物福利主要指动物的生存状况，包括动物所受的对待，例如动物照料、饲养管理和人道处置等。至于动物康乐的标准，则可以理解为动物自身感受的状态，也就是"心理愉快"的感受状态，包括无任何疾病，无行为异常，无心理的紧张、压抑和痛苦等。因此，动物福利更加强调保证动物康乐的外部条件，反映了动物生活环境的客观条件，而且是以动物康乐为目的，同时动物的康乐与否也是衡量动物福利的一个标准，当外界条件无法满足动物的康乐时，就标志着动物福利的恶化。

二、动物福利的目的

（一）动物与人类的关系

动物福利在很大程度上显示出动物的生活质量，人类对动物的利用与动物福利是相互对立、相互联系的两个方面，不能顾此失彼。在长期的发展过程中，人与动物形成各种关系，其中人类对动物的使用主要是满足自己的需求，主要包括以下几个方面：

1. 伴侣动物（宠物）　动物可以帮助人们缓解精神上的压力。在现代生活竞争激烈的中，人与人之间的沟通逐渐减少，伴侣动物已逐渐成为人们缓解生活中压力的工具之一，尤其是一些孤寡老人更是以宠物为生活的伴侣，甚至有些年轻人也选择将宠物作为伴侣或者家庭的主要成员。

2. 爱好　一些人出于爱好而饲养动物，养鸟是常见的一种爱好，近些年来还有一些特殊饲养爱好者，如饲养蛇、蜥蜴、蜘蛛等。就像有的人喜欢音乐，有的喜欢收藏一样，饲养特殊宠物成为时下年轻人的一种时尚。

3. 工作　在传统农业时代，用于工作的动物主要是牛、马、驴、骡等，用来从事耕地、拉车等农业劳作。随着农业现代化进程的加快，这些相对较为落后的农业动物使用方式已逐步被机械化取代，只是在一些经济不发达的地区或者山区偶尔还会有此类动物的存在。

4. 助残　最典型的助残动物就是导盲犬和帮助四肢活动有障碍的残疾人的猴子等，这些动物主要用来帮助残疾人更好地自理生活。

5. 食物　农场动物主要用来当作人类的食物，农场动物以畜牧方式进行生产，是当前动物福利的重要部分。

6. 商业用途　有些动物身体的某些部分具有很高的商业价值，从而被人类所利用。利用水貂皮毛制造裘皮服饰、鳄鱼皮制造高级皮革、熊胆入药等，都属于商业用途。

7. 体育运动　赛马及马术比赛中的马属于此类动物。

8. 娱乐　这类动物通常是经过驯化后用来当作人们娱乐的对象，例如马戏团的动物、

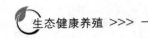

娱乐场的大象等，但这些动物的福利往往不能保证。

9. 教育　这些动物通常是指一些普通的动物，用来解剖以帮助学生了解动物的身体构造。

10. 科学研究　一些实验动物，包括白鼠、猴子、兔子、犬等，用来当作科学实验的对象，新研制的药物、化妆品等在应用前的临床生物学实验都是在这些动物上进行的。

11. 非法用途　主要是指一些非法分子为了谋求利益而对珍稀动物进行捕杀或者走私倒卖，或者未经许可而进行的非法动物实验等。

（二）动物福利问题

按照动物保护国际公认标准，动物一般可分为农场动物、实验动物、伴侣动物、工作动物、娱乐动物和野生动物六类。这是根据饲养目的进行分类的，由于每类动物的生产环境差异很大，因此所涉及的动物福利问题也千差万别，很难对其动物福利进行统一的立法规定。但动物福利的基本原则和要求是相似的，因此动物福利问题总结主要有以下三个方面：

第一，由于动物与人的关系似乎处于管制与被管制的地位，因此人类很容易将动物视为无生命的物件，从而忽略动物的生命个体存在，一些动物主人不能给予动物所需要的、正常的生活保障。

第二，动物与人是相对独立的个体，人类对动物的生活习性缺乏足够的了解，致使动物生活在不适当的生活环境中，不能得到良好的饲养。一些非食品、商业用动物在死后也得不到适当的处置，尤其是一些伴侣动物，在主人不再需要的时候经常得不到应有的照顾。

第三，正常生长的动物与人一样，需要有一套完整的医疗服务，才能保证健康生长。人们虽然饲养动物，但是缺少对动物常规的照顾，例如日常的清洁卫生、大小便及时清理等。同时对动物要有完整的兽医服务体系，动物患有疾病时应能得到及时的、有效的医治，并定期接受疫苗注射等保健措施，但作为动物的主人常常会忽略这些。

（三）动物福利的目标

人们对动物的利用和动物福利是相互对立、相互联系的两个方面，没有动物福利的动物利用会带来诸多问题，最终无利用可言。例如农场动物如果得不到良好的照顾，带来的不仅是生产率的降低，同时由于动物体内激素分泌的不正常，对于最终的食品质量和产量都会带来影响；在不良状态下生活的宠物也会表现出不满的情绪，无法给主人带来欢乐；在不良状态下生活的实验动物，无法给科学研究带来正确的实验结果等。但是过高的动物福利往往又会给生产者或动物的主人带来必要的负担和浪费，如何很好把控动物福利与动物利用是亟待研究的课题。

对于动物福利的目标，人们应遵循两大基本原则：第一，动物福利的改善有利于人们对动物的利用，当福利条件满足动物康乐时，可最大限度地发挥动物的作用；第二，重视动物福利，改善动物利用中那些不利于动物康乐的利用方式，使动物尽可能免受不必要的痛苦。动物福利的目标就是在极端的福利与极端的生产利益之间找到平衡点（Fraser，1997）。因此，动物福利不是片面地保护动物，而是在兼顾对动物利用的同时，考虑动物的福利状况，并反对使用那些极端的利用手段和方式对待动物。

第二节 动物福利法

　　动物福利法是以动物福利为保护主体的法律，是国家或国家法定权力部门为了保护动物福利而制定的，由国家或法定执行部门实施的法律、法规等规范性法律文件的总称。动物福利法的提出源于19世纪末一些欧洲的有识之士为了保护动物不受虐待而向国会提出的提案，这些有识之士将这种思想付诸实践，用法律这个有效的武器来保护那些被人们虐待却又无处申冤的动物们。1822年，马丁提出的禁止虐待动物议案——"马丁法令"在英国获得了通过，这是世界上第一个反虐待动物的法律，虽然该法令具有一定的局限性，但是不影响其成为动物保护史上的一座里程碑。动物福利法不同于动物保护法，尽管很多国家或地区的动物保护法中都有对动物福利的规定，例如新加坡的《畜鸟法》、中国的《野生动物保护法》，以及中国香港的《防止残酷对待动物条例》等都涉及动物福利的内容，但是动物福利法中"福利"是指主体应享有的权益，动物福利法的含义是指动物本来就享有这些权利，人类只是保证动物的权利不受到侵犯，是把人类从高高在上的地位降低下来不再以低等的目光看待动物，而是要与动物平等相待。

　　动物福利法从理论上讲是满足动物的需求（动物的需求包括维持生命需求、维持健康需求和维持舒适的需求），即达到了保障动物福利的标准，动物福利法就是保护动物免受杀害、保护动物免受疾病的伤痛困扰、保障动物的生活条件使其过得舒适。但是动物福利法中的保护动物免受杀害，是指保护动物免受不必要的杀害，并非完全不宰杀动物，是可依一定条件进行宰杀。一些濒危的珍稀动物，如果宰杀可能会引起该物种的灭绝是属于完全不能杀害的动物，而对于非野生动物，如家禽、家畜等本身就是为宰杀而养殖的动物，自然不能保证其免受杀害。对于数量丰富的野生非珍稀动物，必须将之控制在一定的均衡数目内，以保持生态平衡。这类动物如果对其过度宰杀可能会造成该类动物变为珍稀动物；但若完全控制任其繁衍发展，一旦某种动物过量繁殖也会造成生态失衡，因此对此类动物的宰杀必须科学地进行。动物福利法中的保护动物免受疾病伤痛困扰及保障动物过得舒适则适用于所有动物。

一、动物福利法的特点

　　1. 科学性　动物福利法保护的对象是动物，因此有关动物的科学是动物福利法的科学依据，并随着科学技术的发展，人们在解决动物福利问题上，也会产生新的动物福利问题，因此需要及时修订、废止以及重新制定法律。同时这些法律的完善必须以科学技术发展为依据，在科学有效内容的基础上实现动物福利法的实施。动物的生存状态的测定是以人类对动物的生理、心理和行为的科学为依据的，动物的生理变化是通过科学技术手段来进行测量的，动物行为的异常变化在某种程度上反映动物的生活状态。因此动物福利是否实现，需要采用一定的科学技术手段测定来进行科学的认定。

　　2. 学科交叉性　动物福利法不仅与动物保护、环境保护等学科有密切关系，同时还与畜牧、兽医、商业贸易等有着不可分割的联系，融汇了多学科知识并对多种学科产生影响。因此动物福利法不仅从动物福利的角度考虑，还要从与动物福利相关的各个学科进行全面理解。

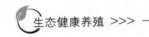

3. 道德性 动物福利的出发点是基于道德角度，强调善待动物，保护动物的福利等，爱护动物就是尊重生命，这是每一个有良知的人所必须具备的善良天性。

二、动物福利法的基本原则

动物福利法的基本原则是指在动物福利法领域里具有指导意义的、体现动物福利法特点的、构成动物福利法的基础的原则。主要包括以下两个方面，即满足动物需求原则和解除动物痛苦原则。

（一）满足动物需求

动物的需求包括维持生命的需要、维持健康的需要和维持舒适的需要，这三个方面决定了动物的生活质量。维持生命需要主要体现为动物的生理需要，即有足够的食物、水等生命必需物质，这是动物福利的基础。动物的健康需要是强调保持动物身体健康，即在保证动物生命的前提下，维持动物身体各部分生理机能和行为正常的状态。

维持健康需要包括动物的行为需要和社会需要。其中行为需要是指动物自身的生活习性，即动物由于其生理特点、生活环境不同等因素而保持的一种天然生活习性，如筑巢、冬眠、挖洞等行为。如果人为阻止这些行为，动物将无法正常生活，从而导致动物的生活状态恶化。动物的社会需要是指动物的独居、群居及寻找伴侣等行为。独居的动物多数比较凶猛，御敌能力强；群居的动物社会性比较强，群内具有一定的社会结构和社会等级，生存依赖于动物个体之间的协作与互相帮助。而寻找伴侣是大多数有性别的动物为了繁衍后代而进行的本能活动，这一行为的不正常多数反映动物生理状态的缺陷或环境的不适应，人为地改变或限制动物的这一需要会造成动物的行为和生理方面的异常，影响动物的健康。

维持舒适的需要是动物的更高级的需要，主要体现为动物的心理需要。动物的心理活动经常以各种行为表现出来，如恐惧的时候发出与平时不同的尖叫或吼声，甚至也会发生肌肉颤抖等。动物的情绪变化也会影响动物的生理状态，而动物是否处于康乐状态与动物的生理状态密切相连，因此动物的心理需要是动物福利法所要保护的主要内容。

（二）解除动物痛苦

解除动物痛苦的原则是实现五大自由，即享有不受饥渴的自由，享有生活舒适的自由，享有不受疼痛、伤害和疾病的自由，享有生活无恐惧和悲伤感的自由，享有表达其正常行为的自由。

享有不受饥渴的自由，是指提供新鲜饮水和日粮，以保证动物的健康和活力，使它们免受饥渴，即满足动物的生命需要。这一需求是否得以满足是动物能否存在的必要条件，其满足程度决定动物所受福利待遇的高低，同时会影响动物生存的质量。食物必须足以维持动物健康，清洁的饮水要能随时取得，食物与水务必不能沾有粪尿，且饮水要放在动物想喝就可以喝得到的地方。

享有生活舒适的自由是动物福利中的维持舒适的需要，是指能够提供适当的房舍或栖息场所，使动物免受不适，能够舒适地休息和睡眠。动物要有舒适、隐蔽的休息区，以供睡眠、躲藏及休息用。不允许24h站在动物面前观察动物，不允许24h与动物玩耍，要给动物遮蔽的隐秘空间，否则动物会非常恐惧、紧张、疲劳，无法保证正常休息。

享有不受疼痛、伤害和疾病的自由是指保证动物不受额外的痛苦，做好疾病预防，并及时诊治患病动物，使它们免受疼痛、伤害和病痛。动物患病时应及时送往动物医院，并享受良好的医疗质量，由正规的兽医做检查治疗，禁止无兽医资格者擅自诊断、治疗，禁止为节约成本等原因拒绝给予患病动物相应检查、治疗。

享有生活无恐惧和悲伤感的自由是指保证提供的条件和处置方式能避免动物的精神痛苦和心理伤害，使其免受恐惧和苦难。惊吓与虐待皆会造成动物的恐惧，生活过于单调，身体有病痛而得不到治疗，没有好的食物与水，缺少运动空间及同伴等皆会造成动物的忧虑和悲伤。

享有表达天性的自由指能够提供足够的空间、适当的设施以及和同类伙伴在一起，使动物自由地表达正常行为。主人要花足够的时间陪伴动物，否则动物会产生诸多异常行为造成主人生活上的困扰，严重者，动物甚至于会出现自残行为。

三、动物福利立法的国际化

随着社会的发展、科技的进步以及知识信息经济时代的到来，动物福利逐渐进入人们的视野，并逐步被普通民众所接受。相比发展中国家，欧美各国的动物福利运动日益频繁。动物福利法起源于英国，英国的动物福利法对欧洲各国乃至世界都产生重要的影响。为了实施动物福利，欧盟制定了一系列法令和命令，有少部分直接适用于各成员，大部分还需要各成员转化为国内立法才能得以具体实现。随着国际贸易、国际交往的日益频繁以及动物福利运动的国际化，动物福利法也将呈现国际化的趋势。

第三节 农场动物福利

世界上大多数动物都是农场动物，众所周知，农场动物过着不愁食物的生活，但是农场动物主要用于人类的食品。农场的工厂化导致了一系列农场动物福利问题的产生，主要源于大多数农场动物都生活在饱受痛苦和压力的环境下，养殖者更多关注着农场动物长得更快、更大，产生更多效益，而无暇顾及动物与自然的和谐。农场动物福利是全球面临的最大动物福利问题，并且这一问题变得越来越严重，提高农场动物福利，改善养殖条件势在必行。到 2050 年，家畜产量将比 2000 年翻一番。应倡导改善食品生产的各个阶段——从饲养到运输再到屠宰的生存条件。

我国是人口基数极为庞大的国家，对于猪、鸡、牛、羊等动物源性食品的需求急速增长，这就让农场动物的集约化饲养成为主流。集约化的养殖条件通常会导致动物的生存环境拥挤恶劣，这不仅威胁到消费者的食品安全，同时也对动物源性产品的出口造成障碍，其中一个很重要的原因就是动物福利标准的缺失，导致我国的养殖标准不符合西方发达国家的动物福利保护贸易标准。

一、农场动物福利的目标

为了保护动物福利，英国皇家防止虐待动物协会（Royal Society for the Prevention of Cruelty to Animals，RSPCA）提出了"自由食品"计划和"五个自由"，这也被认为是当前农场动物福利的主要目标，各国为实现这个目标不断地努力。所谓的"自由食品"是指来源符合动物福利高标准的食品，即做成食品的农场动物在饲养、运输及宰杀过程中受到了人道的待遇。"五个自由"就是前面所提到的动物福利法的五个基本原则之一，这也是农场动物福利的基本目标。在目前商业化畜牧业生产体制下，很难为"五个自由"的实施提供保障，这也与动物源性产品的终极消费息息相关。

二、农场动物福利的现状

农场动物为人们提供最终的动物源性食品，人们关心的是食品的质量、味道等，对于在成为食品之前，动物的生活如何似乎很少得到关注，这就涉及农场动物的动物福利问题。农场动物福利现状主要体现在三个过程，即农场动物的饲养、运输和屠宰。

（一）农场动物的饲养

农场动物的饲养根据不同动物的特性不同，饲养方式各具特色。目前大量饲养并用作食品的动物主要是猪、禽类、牛和羊四大类动物。从动物福利的角度出发，不管何种动物，不论室内还是室外饲养，都应该为动物提供良好的生活环境。但在集约化或工厂化条件下，现代化的畜牧工程很难满足动物福利的要求，因此会产生很多农场动物福利问题。

1. 猪 猪的饲养主要以圈养为主，圈养一方面适应集约化饲养的要求，另一方面也减少了猪之间的打斗问题。但是圈养的空间有限，限制了猪的自由活动。此外圈舍的设施，包括圈舍地面用水泥或者漏缝地板等，可能会影响猪的活动。为了防止母猪生产后挤压刚出生的仔猪，母猪的产床通常采用固定狭小的空间，使其在临产时刻仍遭受人类难以想象的痛苦。在全球的养猪生产中，母猪群养系统逐渐代替了母猪限位系统。欧盟已经禁止了妊娠28d以后的母猪单栏限位饲养。在美国，许多州被强制执行群体饲养，澳大利亚和新西兰的立法也包括对妊娠母猪群体饲养的要求。

2. 牛 牛可以为人类提供牛奶、牛肉和皮革等高价值的产品，是世界上许多国家农业发展的主要力量，我国近几年也在大力发展养牛产业。在人们的想象中，牛的生活似乎符合动物福利的要求，在草场上悠闲地吃草，过得很舒适。奶牛是农场中最辛苦的动物之一，它们不仅需要照顾自己的小牛，同时还要生产大量优质的牛奶。哺乳小牛每天只需要3L牛奶就够了，但是高产奶牛一天可以产出30L的牛奶，这对奶牛来说已经超出了产奶的需要，只有精细饲养管理，才能达到这个目标。人们的这一行为，可能会直接导致奶牛在生长过程中产生与新陈代谢有关的疾病，如乳腺炎、跛瘸等。1头奶牛的正常生活周期的期望值是20年，但是目前许多奶牛在4个哺乳期或更短的时间内就会被宰杀，主要的原因是奶牛产出的牛奶无论在质量还是数量上都无法达到人们的预期。

3. 羊 大部分地区羊群的饲养方法仍然保持其古老的传统，很多国家依然采用较为传统的畜牧业生产方式。羊的种类繁多，具有不同的习性，可以适应不同环境与气候。例如生活在山区或平原地区的羊，能够在恶劣的环境下生存，为生活在低水平地区的人们提供羊肉。为了羊能过得舒适，就必须彻底控制羊的外部寄生虫，例如对羊进行强制消毒，但是消毒会带来对羊的应激。此外羊蹄溃烂是导致羊跛瘸的主要疾病，控制、彻底消灭羊蹄溃烂已成为当务之急。

4. 禽类 禽类的养殖主要包括蛋禽和肉禽，与其他动物的畜牧养殖相比，家禽业所面临的福利待遇问题更为严重。在饲养过程中，不论是蛋鸡还是肉鸡，都经受着一般家畜难以忍受的痛苦，存在着一系列亟待解决的问题。为了追求生产效率，集约化的大规模生产方式是目前养鸡的主流，主要以笼养为主。笼养鸡尤其是蛋鸡除了食物和水外，其他的任何需要都得不到满足，如不能随意转身、展翅。一个动物至少应该拥有足够的空间用于自由转身、展翅等基本活动。目前很多养殖场采用平养的方式，但是在单位面积内平养数量过多，没有足够的空间，鸡打架在所难免，带来新的动物福利问题。一些现代化的养殖场安装了自动收蛋设备，合理安排鸡舍温度与采光、通风需求，并增加一些栖木，尽可能达到散养鸡的标准。

（二）农场动物的运输

农场动物在饲养达到一定条件的时候，都会被送到屠宰场。对于大多数农场动物来说，运输让农场动物觉得是一个非常痛苦的过程，对动物的应激很大。从狭小的饲养场走出来确实令动物高兴，但是运输过程中使用的车辆状况、动物的密集程度等都不能满足动物福利的需求，运输过程中的颠簸、室外的嘈杂声等可能惊吓到已经习惯在农场生活的动物，给农场动物带来许多新的痛苦。由此可见，动物运输时间的长短决定动物痛苦的时间长短，因此缩短运输时间是解决动物福利问题的当务之急。

一些国家对动物的运输做了相应的规定，对运输时间进行要求，要求动物运输行程时间不超过 8h，并及时提供食物和饮水，在保证每个动物能够得到食物和饮水的同时，还要保证其充足的用餐时间。在运输过程中，因运输工具的不同，通风条件受到限制，有些国家采用带有空气调节的集装箱运输，但大部分地区农场动物的运输采用开放式的动物运输笼，外面覆盖有防雨布，这些都会导致动物处在其无法忍受的温度中。例如高温会使猪处于不安状态中，可以直接导致猪的大量死亡。牛在运输过程中，一些小牛可能会因运输应激直接死亡。运输过程导致的疾病会使动物在运输后的三四周内死亡。运输也打乱了动物的睡眠，牛、羊、猪等在运输过程中超过 8h 的，必须要有一定时间的休息，英国在动物运输合格证中对此还有相应的规定，运输动物必须持有运输合格证，因此动物运输中的福利得到改观。

（三）农场动物的屠宰

农场动物被运输到屠宰场后，从运输车上"卸"下动物到屠宰的整个过程涉及的动物福利尤为突出，研究认为抛开动物福利因素，这个过程对待动物的态度会影响动物产品的质量。动物运达到目的地后，从运输工具卸下来的时候，经常会遭受巨大的痛苦，如挤伤、碰撞、摔伤甚至死亡，尤其是大型的运输车辆，运输的动物数量多，在卸动物的过程中死伤数量更多。因此在动物卸货的过程中，应根据动物的数量，寻找将动物痛苦减少到最低限度的方式，保证有足够的卸载时间，同时在屠宰的过程中也禁止以拖拉、踢打等粗鲁的方式虐待动物。

动物的屠宰方法因地而异，也与动物种类有关。大多数动物的屠宰都是希望使动物尽快陷入无知觉状态，以减轻其痛苦。屠宰的过程分为致晕和刺死，动物必须先无知觉后才能屠宰，并保证在屠宰过程中一直处于无知觉的状态。刺死是为了保证刺穿较大血管并使之尽快死去的过程，该过程必须是在动物晕倒后尚未醒来之时进行。目前常用的致晕方法有电击致晕和气体致晕，电击主要是对大型家畜如猪、牛、羊等。家禽的屠宰由于数量过

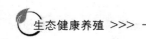

大，通常采用将家禽倒吊在传送带上，双腿夹在传动带的夹铐上，当家禽的头被浸入通电的水池中时，电流会迅速通过全身而致晕。不正确的致晕方法会使动物在死亡之前恢复知觉，将给动物带来巨大的痛苦，因此应该对屠宰人员进行强制性的训练，使其学会并正确掌握使动物致晕并加以屠宰的方法。

三、高新技术的挑战

随着科学技术的日新月异，以信息技术、生物技术为代表的高新技术飞速发展是现代社会的一个重要特征。高新技术作为现代生产力水平的直接体现，深刻影响着各国的政治、经济等各方面。动物福利是与高科技关系紧密的一门科学，以科学的视角研究动物福利在农场动物生产中的应用是时下研究的热点。

(一)基因技术的应用

现代的农场动物经过人们千百年来对野生动物的驯养后，它们原始的特性发生了改变，在符合人类舒适的前提下被驯养成令人们满意的相貌，从动物福利的角度也是备受争议的，这个过程至少是置动物的利益于不顾。基因工程技术的发展对农场动物产生着重要的影响，人类完全有能力抛弃那些传统的受争议的饲养方法，直接对动物进行基因操作，改变其特性。目前人类已经完成了一些农场动物可以从其成年种类的动物细胞中克隆成新的个体技术，绵羊多利是世界上第一个克隆出来的动物，相继还有克隆牛、克隆猴的问世，证明了基因技术在动物繁殖方面的可行性。

目前通过提高生长速度，改变奶牛的产奶量和营养成分，或者改变动物体内脂肪比例等来提高动物产品的品质，已经成为农场养殖者们所追求的目标，农场动物将会成为基因技术改造的对象，但是接受基因工程的农场动物福利待遇如何是值得人们进一步探讨的问题。美国曾经对1只生长很快的猪使用人类基因进行了基因改造，结果产生了严重畸形的动物，这给人们敲了警钟，用基因工程方法饲养农场动物会产生什么样的副作用是无法预料的。传统的饲养方法已经存在诸多的动物福利问题，而基因工程则有可能带来更多的潜在危害。

对农场动物进行基因工程的另一目的就是生产用于诊断和治疗人类疾病的一些药物及器官移植等。例如对羊进行基因工程后可以从羊奶中提取人类的血小板蛋白用于治疗血友病，或提取 $\alpha 1$-胰蛋白酶用于治疗肺气肿。

2017年9月，第14届国际异种移植协会大会在美国巴尔的摩召开。在此次会议上美国食品药品监督管理局（FDA）与参会研究人员反复推敲在怎样的临床证据的支持下才能进行将基因改造过的猪器官移植人体的试验。尽管科学家可以借助基因编辑工具，对动物基因组进行多种修饰，但是预防异种器官移植受体出现排斥到底需要何种程度的基因改造和免疫抑制治疗仍不明朗。

基因技术在动物生产中的应用包括许多伦理道德问题，也涉及动物福利待遇问题和宗教信仰问题，随之也会带来一些社会、经济问题，如何合理解决这些问题可能不是一个世纪能完成的。

(二)基因工程的产品应用

除了利用农场动物生产基因工程产品外，一些基因工程的产品也应用于农场动物，这些产品主要包括经过基因改造的接种疫苗，用于改善动物健康的药品，为提高动物产量而设计的专用品等。自动增奶剂（BST）是一种天然的生长激素产品，可提高农场奶牛的产奶量的激素，经过基因改造的细菌会与激素产生相似的作用，注入奶牛体内会使牛奶产量提高约 15%。然而牛奶高产会产生一些严重的动物福利问题，BST 的使用使奶牛的乳腺炎病例增加 14%～15%，奶牛定期的药物注射会导致其腿部的隆肿病，为此 BST 的使用在很多国家被暂停使用。类似的产品猪生长激素（PST）是在猪销售前 35d 给猪注射该种激素，促进猪快速增膘长肥，为了保障猪的福利待遇，以及人们对 PST 带来的食品安全问题的担忧，养猪业者普遍反对使用 PST。

（三）基因工程技术在农场动物生产中的应用前景

基因工程技术在给人类或者动物带来好处的同时，也带来了一系列现实或潜在的危害，将基因技术用于农场动物生产，也会带来诸多的动物福利问题，只有处理好技术与动物福利之间的矛盾，使二者相互协调，基因工程技术才能广泛用于农场动物。在未来基因工程技术使用的过程中，禁止任何可能会对动物福利产生副作用的技术应用，对由基因工程的动物或产品而产生的伦理问题，需要在不同层面上进行深入讨论，加强基因工程技术应用的控制和措施规范，用法律保护经基因工程改造的动物，并要与其他有关动物福利的法律紧密相连。在兼顾上述问题的同时，发展基因工程技术在农场动物中的应用也是科技发展的趋势。只有在农场动物的基因技术及应用逐渐规范化，并得到竞争的控制后，农场动物福利问题也能得以很好地解决，否则无从谈起农场动物的基因技术应用。

第四节　发展中国家的动物福利

一些人认为在发展中国家讨论动物福利问题是一种误导，人类自身的苦难才更为重要，应该更多地关注那些贫困人们的需求，而非动物。这种观点可以概括为动物福利只与发达国家有关，只有发达国家才能负担得起。但是相反的观点认为，动物福利不但对发展中国家动物有好处，同样对动物的拥有者也是有益的。

保持畜禽的健康和活力是每个养殖者都有的强烈愿望。在发展中国家，家畜维持着一些社会群体的生计，特别是在农村，除了家畜没有可供选择的农耕工具，如果没有家畜，生活就很艰难维持。在非洲贫困地区，家畜是财富积累和社会地位的象征。它们可以提供肥料，提供蓄力耕种和运输，甚至可以作为聘礼，人们几乎每天都要依靠家畜生活，如果动物的存在不能达到这些目的，那么它们对人们的益处也就消失了。如果忽略或降低了家畜的福利，例如家畜处于饥饿状态或死亡，人类的生活也将会大打折扣。

一、发展中国家的动物生产系统

在发展中国家，对动物福利问题的关注是基于私利而并非道德责任。例如，在一些国家，拥有家畜是主人社会地位的象征，他们以养殖家畜为荣，认为虐待动物有失尊严而并非是道德问题。动物福利问题随生产系统的不同而不同，评价发展中国家的动物福利可以从主要的家畜生产系统切入。

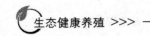

发展中国家主要动物以牛、绵羊和山羊为多数，生产体系见表8-1。这些系统间的界限划分灵活，例如许多农场主将家畜分为季节性迁徙放牧群和靠近主要村落的产奶群两类，并定期在这两个群体间进行交换。

表8-1 发展中国家家畜生产类型

(引自 Gregory，2008)

类　型	特　点
完全放牧	不种植农作物，依靠出售奶制品和动物来换取谷物供人们消费。家畜为寻找食物需要长距离迁徙，并在不同牧区建立居留点
季节性放牧	有永久性的居住基地，老人们居住在此。部分或所有的乳用家畜留在这个基地进行放牧，夜晚将这些家畜圈起来（围栏）。大部分家畜随季节性变化而迁徙，以便获得可利用的食物或者避免疾病的感染。牧民卖掉多余的雄性家畜以换取谷物和其他生活必需品
半农半牧	半定居放牧者拥有土地。种植谷物，拥有小群家畜。家畜被用来役用、积肥、产奶和产肉
役用动物	一般在圈栏中单独饲养，但是有时被用来作为乳用或肉用
季节性系牧	在旱季时家畜拴系于木桩，粪便用于给耕地施肥，在季末可能卖掉家畜
永久性拴系和圈栏饲养	一般在城市中，小群家畜饲养在棚舍或圈栏中，或永久性拴系
育　肥	也就是圈舍饲养，育肥期可以从6月龄持续到24月龄。饲喂储存的粗饲料（如秸秆）或者刈割并运来的粗饲料。出售是为了满足需要而不是为了获得季节性的差价
城市边缘和现代化家畜生产	富有的商人饲养家畜。家畜一般被用作商业投资或者作为一种威望的象征
到处觅食	家畜作为公用财产，到处觅食，自由地在街道走动，主要通过委员会决定如何对其进行管理

二、发展中国家的动物福利问题

1. 季节性采食不足　世界上大约有20%的土地是牧场，大部分牧场属于季节性降雨的半干旱地区，家畜一年有6个月所获得的营养仅够其维持需要，如果持续干旱或者进入雨季，家畜数量可能大大超过牧场的载畜量。

在牧草稀少时改变放牧方式非常重要。当牧草充足时，家畜可以选择采食它们喜欢的牧草；牛会选择高品质的草采食，而较少选择嫩叶枝、枯叶茎。当进入饲料匮乏的干旱季节时，动物需要花费更多的时间寻找品质好的牧草。在饲草不足的条件下，晚上放牧的时间占总量的20%，而在适宜的条件下，夜晚放牧的时间占总量的8%。饲料资源稀缺时，牛的采食效率不高，体重就会减轻。

2. 干旱　干旱导致采食量不足。在严重的干旱期，牛群将被屠宰或转移到易于生存的地方。干旱的影响是渐进的，季节和干旱导致家畜季节性迁徙，家禽通常迁徙到较为凉爽的高地或牧草和水比较丰富的湿润地区。但是由于疾病控制和土地所有权问题，这种迁徙在一些国家变得越来越困难。

3. 水　在干旱期间，水质会不可避免地遭到破坏，地表水发生盐碱化，而来自深层蓄水层盐碱化程度更高。低质量的水将抑制动物的水分摄入量，当家畜因为干旱加剧而逐渐变得虚弱时，它们对饮水中盐的耐受力也会下降。动物所能忍受禁水时间的长短决定了它们在半干旱环境生存的适应性，在非洲的某些连年干旱的地区，一些农民已经从饲养牛转变为饲养山羊或者绵羊。这是由于山羊和绵羊的饮水频率较低，另外干旱过后，山羊也好恢复。

4. 过度放牧　过度放牧导致的牧场大面积沙漠化已受到越来越多的关注。牧场已经失去了部分物种多样性，且植被的丰度也下降了，缺少了植物的覆盖就会增加沙漠化的风险。过度放牧破坏植被后导致动物采食量不足，饲料相对缺乏使动物福利问题的风险增加。过度放牧可能带来的福利问题在严冬季节增多，畜群越大问题越严重。在寒冷的冬季夜里，羔羊的死亡率将会增加，尤其是载畜量较高的牧场，羔羊的死亡率更高（表 8-2）。

表 8-2　牧场载畜量对羔羊生长和死亡率以及母羊体重的影响

热带家畜单位 （hm²·年）	12 周龄断乳体重 （kg/hm²）	死亡率 （出生到断乳）（%）	最终母羊体重 （kg）
2.5	20.2a±0.04	40	40.0a±4.11
5.6	41.4b±0.002	58	39.0a±3.75
14.0	69.4b±0.01	64	36.0b±4.10

注：字母不同表示差异显著（$P=0.05$）。

5. 挤奶量　泌乳牛不仅要满足犊牛的哺乳需求，同时还为人类和犊牛提供牛奶。由于人类的消费导致犊牛采食母乳量减少，犊牛的生长速度降低。犊牛的出现可以刺激奶牛放奶，但要控制犊牛哺乳，如仅有一个乳头供其哺乳则人工挤奶后再令其哺乳。为了避免其他时间犊牛哺乳，通常将犊牛和奶牛进行隔离。

6. 动物行为管理　不适当的家畜行为管理方法可以分为三类，分别是虐待动物，不适当的限制、约束和监禁以及不适当的日常操作程序。虐待动物在一些地区已经习以为常，主要分为攻击、主观臆断和恐吓三种形式。一些文化塑造了具有攻击性倾向的社会、人，甚至动物。例如一些游牧民族除了自己种族内部，和别的民族基本没什么和睦可言，他们随时选择迁徙。经常受到天气、掠夺者和动物威胁的一些人，已经变得足够强壮和具有攻击性。此外在管理家畜时一些人已经接受一些野蛮的方法，对待顽固的家畜，认为强制性的控制方式更加有效。人类有时是通过鞭打来强化支配和胁迫地位。例如非洲富拉尼人从小就受到鼓励，面对家畜的危险或者顽固行为时要用棍棒抽打（Lott et al.，1977）。富拉尼人深信对家畜的攻击是勇敢的表现。

一些必需的操作中存在某些虐待行为，如用露天工具运送家畜，装卸过程中动作笨拙、粗鲁等。在人口密集的地区，小反刍动物和家禽通常饲养于漏缝地板的笼或圈中，也不可避免地带来一些福利问题。例如损坏的地板造成羊的腿部受伤，家畜长期站立在粪便中会引起肢蹄病，圈舍内无法自由饮水等。一些发展中国家的某些日常家畜管理行为也会导致不良的动物福利后果，如用烙铁烙印作为疾病的治疗方法、去势、寄养、干奶等。在许多发展中国家，成年公牛去势一般在3~4岁时进行，去势时不使用麻醉药剂，而且为了避免蚊蝇选择在冬季进行去势。

7. 疾病和治疗 发展中国家对动物疾病和机能紊乱的治疗不适当或不彻底。许多家畜的疾病具有季节性，一般的防治策略是淘汰感染疾病的动物，而那些感染较轻的动物在季节转变后就会有好转。干旱季节家畜会发生许多疾病和功能紊乱，使得动物变得更加虚弱。例如在泌乳和低磷摄入量的共同作用下，磷的缺乏症在干旱季节的末期就表现出来。常规的畜禽检查是疾病管理的重要组成部分，但是对于发展中国家应用的简易饲养系统来说，还没有做到畜群检查。当某种特殊的疾病流行时进行动物免疫，能够对动物起到保护作用，但是这种作用是短期的，不能一直维持免疫保护。

三、改进动物福利的管理措施

针对畜禽生产系统不同，解决发展中国家的动物福利问题应该从多方面入手。例如鼓励发展畜牧业以外的安全替代模式，预报可靠的干旱信息，当载畜量减少时，应提供相应的基础设施以保障家畜的价值，更好地整合种植业与畜牧业、畜牧业与旅游业，提高对疾病管理的认识等。

1. 管理季节性采食不足和过度放牧 从关注牧场的植物组成转向关注如何利用牧场来供养一个群体。在降水量不稳定的地区，解决环境波动带来的饲草短缺可以通过季节性迁徙，在饲料短缺开始时卖掉非种用家畜，饲料不足时提供替代的补充饲料。

改良牧场在一些情况下有助于缓解饲料短缺。焚烧牧草是一种传统使牧草再生的方法，焚烧除去大量的枯死植物和促进鲜绿牧草生长以供放牧。很多地方通过引进牧草品种而使饲料短缺问题得到改善，维持牧草优良品种的可持续性是牧草引进的共性问题。但焚烧牧草带来的大气环境污染问题需引起注视。

2. 物种和品质的选择 改变饲养家畜的种类，转向饲养能依靠放牧生存的牛，或者从饲养牛转为饲养羊等。能啃食嫩叶品种的牛比依赖青草的牛更能耐干旱的环境。在印度、巴基斯坦和中东的部分地区，饲养骆驼具有更高的社会价值。

劳动力的可获得性有时决定牧民饲养家畜的品种。传统上，放牧、拴系、饮水和饲料的刈割都是由孩子完成，由于学校教育夺走了这些劳动力资源，许多家畜饲养转向了养猪，因为养猪需要的劳动力相对较少。

本土家畜很少饲喂补充饲料，所以其在非集约化饲养系统中很受欢迎。同时本土家畜具有更好的适应性，如耐热，抗原虫和寄生虫等。但这些本土家畜不一定能适合密集型饲养，因为密集型饲养时如果管理不善，死亡率很高。

3. 集约化养殖模式替代传统放牧畜牧业 建立大农场，促进商品化生产和提高牛的出栏率。虽然这种转变可能影响动物福利，但是当可利用的饲料减少时，大型农场经常通过出售家畜来调整畜群大小。相关的动物福利风险，取决于牧场主的反应，包括反应的速度和对饲料不足的耐受能力。

4. 旱季的家畜管理 在旱季初期制订相应的计划，使经济损失降到最低，并需要设法平衡粗饲料的供给和需求。当灾难性的干旱出现时，就必须对动物的数量进行系统的削减，通常首先出售非繁殖用家畜，以便保留繁殖核心群。

第五节 动物福利与畜禽健康养殖

养殖动物是为人类提供产品，健康养殖是动物福利的基础。在人工养殖条件下，如何协调人、舍饲环境和畜禽三者的关系，在满足动物福利条件下实现生态健康养殖是 21 世纪动物养殖的终极目标。人不但通过提供舍饲环境间接影响着畜禽，也通过日常管理直接影响畜禽，因此在健康养殖与动物福利实施过程中，人是主体，在动物生产中起着决定性的作用。但是在畜禽生产系统中真正的、唯一的生产者却是畜禽本身，畜禽生产系统运转的好坏、生产成绩或效益的高低、畜禽产品质量的优劣等都是由畜禽的健康状态及福利水平的高低决定的，如何提高动物福利，实现健康养殖是时下的重点研究课题。健康养殖是伴随着养殖环境污染、疫病频发、产品质量安全得不到保障的前提下提出的概念，最先应用于海水养殖，以后陆续向淡水养殖、生猪养殖和家禽养殖拓展并不断完善，近几年在奶牛养殖上也开展了一系列健康养殖的研究。动物福利强调的是动物的康乐，只着眼于动物本身，更多的是一种理念和理论上的表述。而健康养殖是一种确保整个养殖系统健康、可持续发展的养殖模式，着眼于整个养殖系统及其所有的组成部分，强调的是运用各种先进的养殖技术组合，促进养殖的健康发展，更侧重生产实践和技术上的运用。尽管动物福利和健康养殖的内涵不同，但它们有一个共同的交集，即都强调动物的健康。

养殖生产上存在着许多应激因素。对这些应激因素进行适当调控，减少畜禽的应激反应，使畜禽从应激状态过渡到健康状态，不但可以提高畜禽的福利水平，还能让畜禽将更多的营养物质和能量用于增重和繁殖，获得更好的生产效益。因此，强调动物福利是健康养殖的核心内容。健康的动物是养出来的，只有在饲养的过程中，全面贯彻善待动物、养重于防、防重于治的经营理念，从舍饲环境和应激管理上下功夫，才能提高畜禽自身的健康水平和免疫功能，从源头上解决畜禽疫病频发的诱因。因此，健康养殖涵盖了饲养环节中动物福利的基本要求，同时兼顾了科学性和经济上的考量。

从动物福利的角度出发，健康养殖应该从以下几个方面实现。

1. 饲养员的培训 饲养员要善待动物，具有较高的道德水准和精细的管理技能。禁止以踢打等方式虐待动物、激怒或恐吓动物以及使动物过度驾驭或负荷，造成动物不必要的痛苦。改善饲养员的工作态度和技能，不需要投入很多，却可以提高动物的福利水平，获得良好的经济效益。

2. 提供福利设施 通过增加饲养空间、改善地板状况、增加舍内环境调控能力、添加环境富集材料以及设置福利性设施或设备等措施，满足畜禽不同行为的需求，从而提高畜禽的生产性能、健康状况和福利水平。

3. 提供良好的饲养环境 必须充分考虑畜禽的行为和生理需求，为畜禽提供各种环境条件，如畜禽舍中特别是靠近畜禽生活的局部区域要保证良好的通风和空气质量，应避免高湿、阴冷、高尘埃环境等。就舍饲条件而言，福利养殖要求为畜禽提供相对舒适、没有冷热应激的生存环境。随着动物的种类、年龄、体况、生理阶段、皮毛状态、饲养水平、饲养方式等的变化，动物对环境变化的适应能力不同，舍饲环境恒定有利于动物生产水平的发挥，但并没有必要在创造完全恒定的舍饲环境方面投入过多。

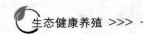

在养殖场，农场主或生产者以饲养动物作为一种谋生的手段，希望能获得较高的经济回报。如果片面地追求良好的动物福利，让农场主或生产者养不活自己，这种生产是不可持续的。因此，必须平衡动物生产过程中的动物需要和经济效益，这样形成良性循环，才能够持续地生产出健康、优质、安全的畜产品，满足广大消费者的需要。

4. 提供营养全面、优质的日粮　应根据不同饲养阶段，提供安全的营养平衡的配合饲料，适量提高日粮中维生素、矿物元素以及各种必需氨基酸的含量，增强畜禽的免疫力。

5. 有效处理畜禽粪便　实现畜禽的健康养殖，就必须改善生态环境，无害化处理及资源化利用畜禽废弃物，保持畜牧业生产与环境保护的协调。应坚持预防为主、防重于治的原则，防止畜牧场本身对周围环境的污染，同时又要避免周围环境对畜牧业生产的危害，从而实现畜牧生产的社会效益、经济效益和生态效益的有机结合。

第九章 | CHAPTER 9

有 机 动 物 生 产

　　有机农业可定义为一种农业生产方式，其目的在于建立综合的、人道的、环境上和经济上可持续的农业生产系统。因此有机农业应最大限度地依赖当地的或者来自农场的可再生资源。在许多欧洲国家，人们把有机农业看成是生态农业，反映出有机农业强调生态系统的管理。各国对有机生产及产品的定义并不一致：在英国，是指"有机的"；但在丹麦、瑞典以及西班牙，是指"生态的"；在德国，是指"生态的"或"生物的"；在法国、意大利、荷兰以及葡萄牙，是指"生物的"（EUROP2 092/91）。国际有机农业运动联盟给有机农业的定义为：有机农业包括所有能促进环境、社会和经济良性发展的农业生产系统。这些系统将土地肥力作为成功生产的关键。通过尊重植物、动物和景观的自然能力，达到使农业和环境各方面质量都完善的目标。

　　近些年来，许多国家的有机动物生产增长迅速，这与消费者对有机食品需求的增加有关。有机食品是新鲜、健康、风味好、无激素、无抗生素、无有害化学物质并且在环境可持续、没有饲喂转基因作物的方式下生产的食品。

　　随着人们对食品安全及环境污染问题的关注，有机产品、绿色产品概念深入人心。O'Donovan 和 McCarthy（2002）对爱尔兰消费者进行了关于有机肉类的调查发现，有机肉类的消费者们认为，有机肉类的品质、安全性、标注、生产方式及营养价值方面都优于普通肉。有机饲料通常比普通饲料价格贵，结果导致有机蛋和有机肉的价格是传统产品的2倍甚至更多。从目前的发展来看，如果消费者能够接受有机肉蛋奶的价格，有机产品的市场将会越来越大。

第一节　有机动物生产的目标和原则

　　国际有机农业运动联盟表明，有机动物生产是维护生物多样性，为家畜提高自由和表达自然行为，并促进建立一个均衡的作物和家畜生产体系，在有机养殖业中建立封闭和可持续养分循环。因此有机动物生产的目标是重视动物福利，稳定、持续地生产优质安全的动物产品。要实现此目标，有机动物生产应遵循以下的原则：

　　1. 养殖环境　养殖场地环境和饲料生产基地必须符合有机农场的要求。饲料生产基地的转换期与农场转换期要求相同。养殖场内用来作为非草食动物活动场所的草地，其转换期可以缩短到1年。

　　2. 畜禽的引入与繁殖　选择适合当地条件、生长健壮的畜禽作为有机畜禽生产的主要品种，提倡自然繁殖。也可采用不会对畜禽的遗传多样性产生严重限制的各种繁殖方法，并尽可能减少品种遗传基因的损失，保持遗传基因的多样性。

当买不到有机畜禽时，允许购进常规畜禽，但每年引入常规畜禽不能超过有机食品认证中心（OFDC）认证的同种成年畜禽数量的 10%，而且引入的常规畜禽必须经过相应的转换期（转换期是指常规动物养殖向有机养殖转换所需要的时间），按有机方式饲养畜禽经过转换期后，其产品方可作为有机产品出售。

3. 饲料 畜禽应以 OFDC 认证的或 OFDC 认证组织认证的有机饲料和草料饲养。饲养的畜禽数不能超过本养殖场和其他合作养殖场的最大载畜量，要充分考虑饲料的生产能力、牲畜健康和对环境的影响。

饲料添加剂使用符合 OFDC 规定，配合饲料的原料来源、加工过程符合有机生产标准，配合饲料营养均衡，满足动物生产的营养需求。

4. 饲养条件

（1）圈舍。养殖动物的饲养环境包括圈舍和围栏等，必须满足畜禽的生理和行为需要，有足够的活动空间和休息场所，空气流通，自然光线充足但不过度照射，温度适宜各种畜禽生长。有足够的垫料、饮水和饲料。

（2）饲养方式。所有畜禽都必须在适当的季节到户外放养。禁止采用畜禽无法接触土地的饲养方式和完全圈养、舍养、拴养、笼养等限制畜禽自然行为表达的饲养方式。群居性动物不能单独饲养，但患病动物及妊娠后期的家畜以及成年雄性动物除外。

5. 疾病防治 允许养殖场使用规定的限量物质的清洁剂和消毒剂，也可以使用鼠药和规定限量物质中的药物。采用自然疗法，如使用植物制剂、针灸和顺势疗法治疗畜禽疾病。当有疾病发生又不能用其他方法控制时，允许使用预防接种技术，允许进行法定的预防接种。

6. 非治疗性手术 为保持产品质量和传统生产习惯，可以进行阉割、断角、拔牙或断牙、剪羽等，但必须尽量减轻给动物带来的痛苦，必要时使用麻醉剂。

7. 动物福利 有机动物生产全程保证动物福利，即满足动物的自然生活习性，在运输过程中善待动物，屠宰时尽量减轻动物痛苦等。

第二节　有机农场的动物育种与繁殖

1. 品种的要求与选择 欧盟 1804/99 法规（2000 年制定）的核心特点是，在特定的农场或条件下，需要选择适当的品种和品系，应在发展有机畜牧系统方面给予更多的重视。特别是，有必要制定有机畜禽养殖的标准和生产规定。

畜禽遗传资源是生物多样性的重要组成部分，是长期进化形成的宝贵资源，也是实现畜牧业可持续发展的基础。有机农场的畜禽养殖品种的选择应基于生物多样性原则，根据养殖场当地的地理位置和气候条件特点，尽量选择适合于本地养殖的，并具有优异的种质特性、繁殖力高、耐粗饲等特点的动物品种。所有引入的畜禽都不能受到转基因生物及其产品的污染，包括涉及基因工程的育种材料、疫苗、兽药、饲料和饲料添加剂等。

2. 有机畜禽育种的基本原则与方法 选择有机畜禽品种除了有较快的生长速度外，还应考虑其对疾病的抵抗能力、环境抗逆性等。有机动物生产育种与常规动物生产一样，制订育种目标，遵循有机生产体系的标准和规定要求，选择适合当地环境的动物品种。那些在传统动物生产利润减损前就已经开始有机家畜生产的育种人应该得到发证部门的支持，而这些发证部门也需要重视从这些育种人那获得相关的信息资源，必须提供一些有机畜禽生产者的证明材料。有机动物生产强调保护畜禽地方品种，维持生物多样性。

禁止纯种繁育，提倡杂交育种，培育出适应性强、生产力高的品种，禁止使用人工授精、胚胎移植、体外授精、性别控制以及基因工程技术包括转基因和克隆技术等进行育种。提倡保持动物本性，进行自然交配和分娩，也可以采用不对畜禽的遗传多样性产生严重限制的各种繁殖方法。

有机畜禽生产的育种目标应主要考虑以下几个方面：

（1）抗病能力。选择的有机畜禽品种除应有较快的生长速度外，还应考虑其对疾病的抗御能力，尽量选择适应当地自然环境、抗逆性强，并可在当地获得足够生产原料的优良畜禽品种。地方品种通常是有机畜禽养殖的优先选择，一般地方品种都经过长期的人工选择及自然选择，具有良好的适应性和抵抗能力，并且适应本地的土壤、气候、饲养条件等，并符合地方的饮食文化需求。

（2）遗传多样性。有机农业强调保护畜禽地方品种，维持生物多样性。畜禽的有机养殖提倡基因多样性，防止追求基因简化而导致许多其他品种的消失。

（3）禁止纯种繁育，提倡杂交育种。杂交育种是用两个或两个以上的品种进行各种形式的杂交，使彼此的优点结合在一起，从而创造新品种或性状优良的品种。杂交使不同种群个体上的优良性状集中到同一个体上，可以培育适应性强、生产力高的品种，提高动物的抗病、抗逆能力。

3. 畜禽的引入　畜禽的引入主要是针对刚开始进行有机动物生产的有机畜禽养殖场、大规模扩大后增加新的养殖品种的企业。允许在无法获得有机幼龄畜禽的情况下，引入符合标准要求的日龄、周龄或月龄的常规幼龄动物，但必须符合以下条件：肉牛、马属动物、驼，已断乳但不超过 6 月龄；猪、羊已断乳，不超过 6 周龄；奶牛出生不超过 4 周龄，吸吮过初乳并是以全乳喂养的犊牛；肉用仔鸡不超过 3 日龄（其他类可放宽至 2 周龄）；蛋鸡不超过 18 周龄。

引入后需要经过相应的转换期。不同品种畜禽的转换期：肉牛、马属动物、驼为 12 个月；猪、羊为 4 个月；奶牛 3 个月；出生 3d 内购买的肉用家禽 10 周，蛋用家禽 6 周。饲用的畜禽经过转换期后，其产品方可作为有机产品出售（陈声明等，2006）。

第三节　有机动物的饲养管理

有机动物的饲养管理需要制定和执行有机养殖标准，特别是家禽养殖标准，以确保可持续和社会、环境可接受的系统的发展，并保持高标准的健康和福利，以及公共卫生保护。

（一）养殖场的环境要求

养殖场是集中饲养畜禽和组织畜牧生产的场所，是养好动物、生产优质畜禽产品的重要外界环境条件之一。为了有效生产有机动物产品，必须根据有利于有机生产的原则，以动物健康和提高生产力为目标，进行综合规划，正确选择场址，并按最佳的生产联系和卫生要求，有效地进行有机生产。生产过程采取循环农业生产模式和环境友好型生产方式，不造成环境污染、生态破坏以及生物安全风险。

1. 场址选择　有机动物生产的场址选择的基本框架与常规动物养殖场基本一致，即地形地势选择地势高燥、向阳背风、地面平缓略有坡度，土壤以沙壤土最佳。除此之外还需要对该场地的前期用途进行调查，场地环境需要经过有机认证。因此有机动物生产的场地需要有一定的轮换期，才能进入有机场地认证程序。对于非草食动物如猪、家禽等动物活动所需要的牧场、草场的转换期可缩短至 12 个月，即按照有机标准要求管理满 12 个月就可通过有机认证。如果有充分的证据表明这些区域 12 个月以上没有使用过禁用物质，则转换期可缩短至 6 个月。土地使用证据包括土地使用历史和证明记录等，这些证据必须真实、有效，并经得起追踪，而且要经过检查员的现场核实，并通过认证机构的评估审核。

2. 大气标准　根据有机农业生产标准，用于有机动物生产的场地环境大气质量必须符合国家大气质量一级标准，见表 9-1。

表 9-1　有机农业生产的大气标准

项　目	标准（mg/m³）			
	日平均	任何一次	年平均	1h 平均标准
总悬浮颗粒	0.15	0.3		
飘尘	0.05	0.15	0.02	
二氧化硫	0.05	0.05		
氮氧化物	0.05	0.1		
一氧化碳	4.00	10.00		
光化学氧化物				0.12

3. 水质标准　与有机农业种植业不同，种植业需要灌溉用水，经土壤渗透后被作物吸收。有机动物生产用水除清洁用水外，畜禽尤其是猪、牛养殖的饮用水用量极大。大多数养殖场均已采用自动饮水器供应流水，一方面保证水质，另一方面不会造成因污水蓄积而产生的环境污染及传播疾病。有机动物生产的用水符合国家饮用水的标准（表 9-2）。

表 9-2　家畜禽有机农业生产方式的水质标准

项　目	标　准	项　目	标　准
色、臭、味	色度不超过 15°，不得有异味、异色	总大肠杆菌数（个/L）	≤3
pH	6.5～8.5	铬（六价）（mg/L）	≤0.05
总硬度（以 CaCO₃ 计）（mg/L）	≤450	六六六	不得检出
氰化物（mg/L）	≤0.005	滴滴涕	不得检出
氟化物（mg/L）	≤1.0	有机磷残留	不得检出
汞（mg/L）	≤0.0001	硝酸盐（以 N 计）（mg/L）	≤10
砷（mg/L）	≤0.05	细菌总数（个/L）	100
铅（mg/L）	≤0.05	镉（mg/L）	≤0.005

（二）有机日粮的生产

饲料是生产畜禽产品的基本生产原料，饲料质量的好坏直接影响动物生产及产品质量。有机动物生产要求动物所需的饲料原料、浓缩饲料、配合饲料和饲料加工过程等，都应该符合有机生产标准。欧盟 1804/99 法规规则没有考虑有机系统中矿物质缺乏的问题，因此，有机农场应基于正确的方法选择合适的土壤、饲料和血液进行分析，以避免缺乏症。

1. 饲料来源

（1）有机饲料和草料。畜禽采食的饲料或草料必须经过有机认证。肉用畜禽最多可以使用 30% 有机转化饲料（以干物质计）为喂养。当转化饲料来自养殖场自有牧场时，该比例可以放宽到 60%。禁止使用尿素、粪便作为畜禽饲料。

有机饲料供应短缺时，OFDC 可以允许养殖场购买常规饲料和草料，但农场每种动物的常规饲料消费量在全年消费量中所占比例（以干物质计）草食动物≤10%，非草食动物≤20%；动物日最高摄食常规饲料量不超过每日总饲料量的 25%。

（2）饲料添加剂。严格按照规定的限量使用的物质包括氧化镁、硫酸亚铁等天然矿物和微量元素。添加的维生素应来自鱼肝油、酿酒酵母或其他天然物质，不能满足畜禽营养畜禽时，可使用人工合成的维生素。禁止使用任何形式人工合成的生长促进剂、激素、抗生素和基因工程产品作为饲料添加剂。

（3）配合饲料。配合饲料的主要原料必须获得 OFDC 认证或 OFDC 认证组织的认证，其中的配料加上添加的矿物质和维生素的比例不能低于 95%，使用的矿物质元素和维生素可以来源于天然或合成产物，但不能含有禁用的添加剂或保护剂。对于自产的饲料比例没有强制性的规定，给使用者留出了足够的空间。

配合饲料的营养必须满足动物饲养目标的营养需要，提供均衡营养，各种成分符合国家标准规定。反刍动物的最少草料浓度应该是占维持其生产的 60%。合成氨基酸应该禁止在散养的单胃动物日粮中添加，以免被强化。单胃动物的动物源性饲料的来源应进行限制。

2. 日粮质量控制

（1）饲料安全卫生控制。虽然有机动物生产的饲料均来自有机农业区域的草地和种植基地，但是还需要对饲料的卫生指标进行监测，保证饲料的安全卫生。饲料中霉菌毒素是必须控制的指标，饲料在收获、储存时遇到潮湿等不良天气，容易引起霉变，严重会产生霉菌毒素。饲料中常见的霉菌毒素包括黄曲霉菌毒素、赭曲霉毒素、玉米赤霉烯酮、呕吐毒素等，都会引起动物中毒，因此应严格控制饲料中的霉菌毒素。对于转换基地饲料应严格控制农药残留、重金属等卫生指标。

有机畜禽养殖场购置的饲料原料必须带有有机认证的标志及分析数据，农场自产的原料要定期分析检测，以确保饲料原料的质量。

（2）饲料加工质量控制。饲料生产企业的工厂设计与设施卫生、工厂卫生管理和生产过程的卫生都应该符合国家相关标准的要求。用于有机饲料加工的生产线不能用于常规饲料加工生产，防止交叉污染。制订饲料生产质量控制程序，质量控制程序可以保证饲料原料的安全，从而使配合好的饲料具备所需的应用价值并不受到污染。每个质量程序都应该包括定期的实验室原料检测和配合饲料检测，以保证饲料加工过程饲料安全质量的控制准

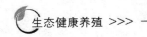

确性。根据动物品种及生长阶段的不同，加强对饲料颗粒粒度和原料粉碎粒度的检测，以保证粒度适合动物生长需要。制订饲料正确的储存方法规范，并严格执行。

（三）疾病防控技术

有机动物生产的动物疾病防治技术提倡通过较温和的治疗和预防手段，帮助畜禽增加自然抵抗能力，或用自然的产品或方式去刺激动物本身的自愈能力。

1. 有机动物生产的疾病预防原则　从有机理念出发，以有机饲养的方式就是要使动物增强自身免疫力以获得对疾病的最大抗性。防重于治，强调预防为主、治疗为辅，采取综合性预防措施控制动物疾病的发生，保障动物健康。

有机畜禽养殖的疾病预防可以从动物品种及品系选择出发，根据地区特点选择适应性强、抗性强的品种，根据畜禽需要，采用轮牧、提供优质饲料及合适的运动等饲养管理方法，增强畜禽的自身免疫力，进而提高动物的抗病能力。养殖场制订合理的养殖密度，防止因饲养密度过大导致健康问题。

替代药物应该在健康计划和预防措施的目录中明确列出，目的是为了确保动物管理中那些常规转化不受限制。对农民进行动物健康管理方面的强制培训，改变他们使用药物的习惯。

此外，有机动物生产中提高动物福利待遇，为动物生长提供良好的饲养环境和条件，可增强动物的健康水平，因此可以在很大程度上避免动物的疾病和疫情。

2. 有机动物养殖的疾病治疗　在畜禽患病或受伤的情况下，如何采取治疗措施是有机动物生产面临的最大问题。有机养殖强调自然疗法，即运用各种自然手段来预防和治疗疾病。畜禽的自然疗法是运用与畜禽生活有直接关系的物质与方法，如食物、空气、水、阳光、运动、休息以及其他有益于动物健康的方式来保持和恢复动物健康。

在有机动物养殖中，当动物患病必须采用药物治疗时，首先考虑使用中兽医方法进行治疗。相比抗生素，中草药具有多功能性、抗药性小、廉价等特点，作为抗生素的替代品，中草药的研究与开发具有广阔的前景。虽然中草药治疗具有很多优势，但是在实际生产中，很多畜禽疾病采用上述方法难以控制和治愈，为减少动物本身的痛苦并降低经济损失，有机动物生产中也允许在兽医指导下使用常规兽药进行治疗。当必须对患病动物使用常规兽药时，则经过该药物治疗的动物必须在该药物半衰期 2 倍时间后，才能将这些产品作为有机产品出售。严禁使用抗生素、抗虫药、其他生长促进剂和使用激素。

对动物进行常规治疗的次数限制应重新考虑。重点应该放在避免痛苦和疾病上。有人建议，这一数字应以每群动物的最大平均处理数为基础。

3. 寄生虫的管理与防治　保持动物的良好营养可以减少畜禽体内寄生虫发生。对于放牧动物养殖来说，寄生虫在牧场的生长与繁殖是引起动物体内寄生虫发生的主要因素。牧场的生物多样性是防止寄生虫发生、生长的一个长期效应，控制寄生虫往往需要大量的人力物力。降低牧场的载畜量，适时轮牧可以减少畜禽体内、体外寄生虫的发生。控制载畜量，可以减少内部寄生虫的摄入，因为这些寄生虫喜欢寄宿在植物茎叶的底部，通过适时轮牧，在宿主家畜返回牧场前，牧场的寄生虫实现从孵化直至死亡的自我清洁过程。多数寄生虫不会在畜种间进行传播，多畜种放牧或不同畜种轮牧都可以减少寄生虫的着生。首先让年幼的寄生虫易感的牛、羊等在新鲜的草场放牧，然后年老的、不易感染的接种放牧。牛、羊放牧后散养鸡等，鸡粪可以破坏虫卵，家禽也可以以幼虫为食。

4. 防疫　有机动物养殖场建设之初，应建立完好的工程防疫设施与设备（详见第三章）。现代疫苗的广泛应用极大地降低了动物传染病的发病率，为畜牧业的安全生产提供了重要的保障。有机动物养殖并不拒绝动物接种疫苗。有机标准中规定可以使用疫苗进行预防接种，但必须是国家强制接种的疫苗，疫苗来源不得为转基因疫苗。

（四）废弃物的管理

有机农业的起源就在于保护环境，促进可持续发展，从而更好地为人类健康服务。有机动物生产应充分考虑养殖生产带来的各种因素对环境的影响，保证畜禽饲养对环境不造成或造成尽可能小的影响，以达到保护环境的效果。

有机养殖的畜禽粪便经过无害化处理后可以作为有机肥用于种植业，粪便处理无害化（详见第七章）并能再利用。利用废水净化处理系统将养殖场的废水和尿及粪水集中控制起来，进行土地外流灌溉净化，使废水变成清水循环利用，从而达到养殖场的最大产出，又保持了环境污染无公害的生态平衡。有机动物养殖过程中由于杜绝使用化学合成的添加剂以及兽药等产品，因此养殖废水不会产生重金属、药物残留等问题。

第四节　有机农场的动物福利

实行动物福利是有机动物养殖中动物饲养的基本要求，动物福利的基本理念是不可以带给动物不必要的痛苦，以及对待动物的方式要符合人道，满足动物康乐的同时最大限度地提高动物生产力（详见本书第八章）。

为动物提供足够的自由空间、新鲜的空气、足够的水源和适宜的阳光，以确保适当的活动和休息，并保护动物免受暴晒和雨淋。家畜饲养系统必须提供保障畜禽健康、行为自然的生活条件，有机畜禽饲养除了保证家畜良好的健康、合理的饲养和良好的房舍环境外，还要考虑动物的生理和心理状态，包括无疾病、无行为异常、无心理紧张、无压抑和痛苦等。

饲喂方式应符合动物的生理特性，为了保证动物健康，哺乳动物出生后应该吃母乳。饲料必须为有机生产。使用自然繁殖的方法，禁止胚胎移植。

疾病控制避免使用永久性常规预防药物，建立和维持预防畜禽疾病、保证畜禽健康的保健措施。

在整个运输过程中要善待畜禽，避免畜禽通过视觉、听觉和嗅觉接触到正在屠宰或已死亡的动物。运输工具清洁，并没有尖突部位，以免伤害畜禽。运输过程中如有需要应给畜禽喂食、喂水。

屠宰时尽量减少动物的痛苦。

动物的非治疗性手术应考虑到实际生产需要，尊重动物的个性特征，尽量养殖不需要采取非手术治疗的品种。在尽量减少畜禽痛苦的前提下，可以对畜禽采用以下非治疗性手术，必要时使用麻醉剂：物理性阉割、断角、仔猪的犬齿钝化、羔羊断尾、禽类剪羽等。有机养殖严格禁止进行断尾（羔羊除外）、断喙、断趾、烙翅、仔猪断牙，以及其他没有明确允许采取的非治疗性手术。

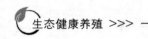

第五节　有机动物生产展望

有机食品的兴起，起因于日益加重的环境污染和生态破坏，已经直接危及人类的生命与健康，并对持续发展带来直接或潜在的危害。不断总结发展经验和教训的人类发现，在公元前1万年至公元前200万年的狩猎文明阶段，人类对自然的态度是依赖自然、听命自然，那时几乎没有人类环境问题。随着土地耕作的兴起，人类先后进入农业文明和工业文明阶段，在人类征服自然创造更文明社会的同时，环境的恶化导致人类生存危机。经济发展与环境和自然资源相协调的可持续发展战略在世界范围内达成共识。有机农业包括有机动物生产就是在这种大背景下崛起并发展的。

目前，有机动物生产的规模还很小，但随着人们对有机食品的需求增加，有机畜牧业将会不断地发展。有机动物生产的有机饲料来源特别缺乏，尤其是蛋白质资源紧张，在有机生产中存在着对必要的饲养标准打折扣或允许例外的情况，这也会导致有机蛋白质作物的种植增加。在农场或者与农场合作的地区，在有机产地认证的基础上，提高蛋白质作物的种植面积，增加农民收入。此外一些蛋白质饲料生产企业也会纳入有机生产体系中，提高企业的经济效益。由此带来有机畜牧业的发展，有机动物产品的生产规模逐渐壮大。由于有机食品与传统食品价格有绝对的竞争优势，但消费者为有机食品支付的价格也不是毫无限制。在消费者可接受的价格范围内，有机动物养殖者尽量减少养殖成本，提高企业的经济效益。

随着全世界对有机食品消费需求的增长，通过有机畜牧业生产的肉类平均每年以20％的速度增长，有机副产品的消费也与日俱增。美国在发展有机畜牧业方面处于领先地位，有机牛奶的生产是美国畜牧业生长中发展最快的部门，在美国，每个有机畜牧场的面积达75.6hm²。我国的有机农业从20世纪80年代后期开始了有机食品基地的建设，有机畜牧业在近年来得到迅猛的发展。西部开发和全国对环境保护的认识为发展有机畜牧业提供了良好的机遇。我国有丰富的地方动物资源，这些地方品种动物产品具有独特的地方风味和保健作用，为有机动物生产提供了更便利的条件。

我国地域辽阔，资源丰富，地理、地貌、气候类型多样，西部地区、东北、西南等地有良好的生态环境和资源优势，将这些地区资源优势合理利用保护，既能开放利用资源，又能进入良好的生态循环，将会产生良好的生态效益和社会效益。依托草场原生态、纯天然、无污染、无公害、牲畜品种优良等优势，以"保护生态、调整结构、集约化经营、走村落化建设和畜牧业经济可持续发展"的思路，使有机畜牧业得到快速发展。

主要参考文献

陈连生，孙宏，2010. 我国环境与健康研究的现状及发展趋势 [J]. 环境与健康杂志，7（5）：454-456.

陈声明，陆国权，2006. 有机农业与食品安全 [M]. 北京：化学工业出版社.

邸福川，王树青，2013. 疫病检测中动物血样采集技术与注意事项 [J]. 畜牧兽医杂志，32（4）：107，109.

金洪成，2017. 健康养猪关键点操作四步法 [M]. 北京：中国农业科学技术出版社.

刘万臣，2012. 牛驱虫的方法与注意事项 [J]. 养殖技术顾问（7）：84.

乔玉辉，曹志平，2016. 有机农业 [M]. 北京：化学工业出版社.

施正香，李保明，2012. 健康养猪工程工艺模式——舍饲散养工艺技术与装备 [M]. 北京：中国农业大学出版社.

宋伟，2001. 善待生灵——英国动物福利法律制度概要 [M]. 北京：中国科学技术大学出版社.

孙江，何力，黄政，2009. 动物保护法概论 [M]. 北京：法律出版社.

席磊，程璞，2016. 畜禽环境管理关键技术 [M]. 郑州：中原农民出版社.

席磊，范佳英，2017. 鸡场黄进控制与福利化养鸡关键技术 [M]. 郑州：中原农民出版社.

徐旺生，2009. 中国养猪史 [M]. 北京：中国农业出版社.

颜培实，李如治，2011. 家畜环境卫生学 [M]. 北京：高等教育出版社.

杨效民，贺东昌，2010. 奶牛健康养殖大全 [M]. 北京：中国农业出版社.

周友朋，高木珍，2014. 规模化蛋鸡场生产与经营管理手册 [M]. 北京：中国农业出版社.

BLAIR R, 2013. 有机禽营养与饲养 [M]. 顾宪红，宋志刚，邓胜齐，译. 北京：中国农业大学出版社.

FARMER C, 2018. 妊娠和哺乳母猪 [M]. 李新建，殷跃帮，李平，译. 北京：中国农业大学出版社.

GREGORY N G, 2008. 动物福利与肉类生产 [M]. 2版. 顾宪红，时建忠，译. 北京：中国农业出版社.

APPLEBY M C, 2003. The European Union ban on conventional cages for laying hens: history and prospects [J]. Journal Applied Animal Welfare Science, 6（2）：103-121.

BRAAM C R, SMITS M C J, GUNNINK H, et al, 1997. Ammonia Emission from a Double - Sloped Solid Floor in a Cubicle House for Dairy Cows [J]. Journal of Agricultural Engineering Research, 68（4）：375-386.

CAPDEVILLE J, VEISSIER I, 2001. A Method of Assessing Welfare in Loose Housed Dairy Cows at Farm Level, Focusing on Animal Observations [J]. Acta Agriculturae Scandinavica, Section A - Animal Science, 30：62-68.

CLUTTON - BROCK J, 1981. Domesticated animals from early times [M]. London：Heineman and british museum of natural history.

Commission of the European Communities (CEC), 1999. Coulcil directive 1999/74/EC of 19 July 1999 laying down minimum standards for the protection of laying hens [J]. Official Journal of the European Communities：53-57.

CRONIN G M, SIMPSON G J, HEMSWORTH P H, 1996. The effects of the gestation and farrowing environments on sow and piglet hehaviour and piglet survival and growth in early lactation [J]. Applied

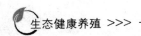

animal behaviour science, 71: 305 - 317.

ENGEL C, 2002. Wild health [M]. London: Weidenfield & Nicolson.

ERISKEN J, KRISTENSEN K, 2001. Nutrient excretion by outdoor pigs: a case study of distribution, utilization and potential for environmental impact [J]. Soil use and management, 17: 21 - 29.

European Commission, 1999. Council Regulation (EC) No 1804/1999 of July 1999 Supplementing Regulation (EEC) No 2092/91 on Organic Production of Agricultural Products and Foodstuffs to Include Livestock Production [J]. Official Journal of the European Communities: 1 - 28.

FASTINGER N D, MAHAN D C, 2003. Effect of soybean meal particle size on amino acid and energy digestibility in grower - finisher swine [J]. Journal of Animal Science, 81 (3): 697 - 704.

FRASER D, WEARY D M, PAJOR E A, et al, 1997. A scientific conception of animal welfare that reflects ethical concerns [J]. Animal welfare, 6 (3): 187 - 205.

KIM D H, CHOI S H, PARK S, et al, 2018. Effect of corn grain particle size on ruminal fermentation and blood metabolites of Holstein steers fed total mixed ration [J]. Asian - Australas J Anim Sci, 1 (1): 80 - 85.

KIM J C, MULLAN B P, PLUSKE J R, 2005. A comparison of waxy versus non - waxy wheats in diets for weaned pigs: effects of particle size, enzyme supplementation and collection day on total tract apparent digestibility and pig performance. Anim [J]. Feed Sci. Technol, 120: 51 - 65.

LEWIS L L, STARK C R, FAHRENHOLZ A C, et al, 2015. Effects of pelleting conditioner retention time on nursery pig growth performance [J]. Journal of animal science, 93 (3) .

LOTT D F, HART B L, 1977. Aggressive domination of cattle by Fulani herdsmen and its relation to aggression in Fulani culture and personality. Ethos, 5 (2), 174 - 186.

NEAVE F K, DODD F H, KINGWILL R G, 1966. A method of controlling udder disease [J]. The Veterinary Record, 78: 521 - 523.

O'DONOVAN P, McCARTHY M, 2002. Irish consumer preference for organic meat [J]. British Food Journal, 104: 353 - 370.

PARSONS A S, BUCHANAN N P, BLEMINGS K P, et al, 2006. Effect of corn particle size and pellet texture on broiler performance in the growingphase [J]. The Journal of Applied Poultry Research, 15 (2): 245 - 255.

PAULK C B, HANCOCK J D, FAHRENHOLZ A C, et al, 2015. Effects of sorghum particle size on milling characteristics and growth performance in finishing pigs [J]. Animal Feed Science and Technology, 202: 75 - 80.

PRICE E O, 2002. Animal domestication and behavior [M]. New York : CABI Pub.

ROJAS O J, LIU Y, STEIN H H, 2016. Effects of particle size of yellow dent corn on physical characteristics of diets and growth performance and carcass characteristics of growing - finishing pigs [J]. Journal of animal science, 94 (2): 619 - 628.

ROJAS O J, STEIN H H, 2015. Effects of reducing the particle size of corn grain on the concentration of digestible and metabolizable energy and on the digestibility of energy and nutrients in corn grain fed to growing pigs [J]. Livestock Science, 181: 187 - 193.

RUHNKE I, RÖHE I, KRÄMER C, et al, 2015. The effects of particle size, milling method, and thermal treatment of feed on performance, apparent ileal digestibility, and pH of the digesta in laying hens [J]. Poultry science, 94 (4): 692 - 699.

SOULE J D, PIPER J K, 1992. Farming in nature's image: an ecological approach to agriculture [M].

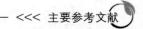

Washington, D. C: Island Press.

STAFEU F R, GROMMERS F J, VORSTENBOSCH J, 1996. Animal welfare, evolution and erosion of a concept [J]. Animal welfare, 5: 1360 - 1370.

VAARST M, RODERICK S, LUND V, et al, 2004. Animal health and welfare in organic agriculture [M]. Cambridge: CABI Publishing.

图书在版编目（CIP）数据

生态健康养殖 / 王金荣，李振田编著 . —北京：
中国农业出版社，2019.12
（农业生态论著）
ISBN 978-7-109-25907-2

Ⅰ．①生… Ⅱ．①王… ②李… Ⅲ．①生态养殖－研
究 Ⅳ．①S815

中国版本图书馆 CIP 数据核字（2019）第 203463 号

中国农业出版社出版
地址：北京市朝阳区麦子店街 18 号楼
邮编：100125
责任编辑：张德君 李 晶 司雪飞 文字编辑：张庆琼
版式设计：杨 婧 责任校对：周丽芳
印刷：中农印务有限公司
版次：2019 年 12 月第 1 版
印次：2019 年 12 月北京第 1 次印刷
发行：新华书店北京发行所
开本：787mm×1092mm 1/16
印张：10
字数：240 千字
定价：50.00 元

版权所有·侵权必究
凡购买本社图书，如有印装质量问题，我社负责调换。
服务电话：010 - 59195115 010 - 59194918